Bernd Weisheit
Stefan Seip

Astronomie
Sterne beobachten

KOSMOS

Sterne beobachten für Einsteiger

Ein Abend mit Sternen	6
Ausflug mit dem Großen Wagen	8
Sterne unter die Lupe genommen	10
Sternbilder im Frühling/Sommer	12
Sternbilder im Herbst/Winter	14
Mond und Planeten auf der Spur	16

Astronomie – mein neues Hobby

Bin ich alleine hier draußen?	20
Was brauche ich an Ausrüstung?	22
Die drehbare Sternkarte	24
Die Sterne ganz nah	26
Ein Teleskop soll es sein!	30
Die bessere Hälfte des Teleskops	32
Auspacken und Sterne sehen	34
Mit den Sternen gleiten	36
Streicheleinheiten für die Optik	38

Reiseführer zu den Sternen

Richtig starten leicht gemacht	42
Kleine Expeditionsanleitung	44
Ein Spiel aus Licht und Schatten	46
Mondbeobachtung	48
Astronomie tagsüber	54
Die Jagd nach den Mini-Sicheln	56
Ein starkes Trio spielt auf	58
Deep Space lässt grüßen	60
Der Sternenhimmel	62
Starparty am Sommerhimmel	70
Der Charterflug zum Skorpion	72
Wilde Tiere und fremde Gefilde	74
Ein Hobby für die ganze Familie	76

Schnappschüsse am Sternenhimmel

Nächtliche Stimmungsfotos	80
Sterne hinterlassen Spuren	82
Echt scharfe Sterne	84
Mond und Planeten im Fokus	86
Planeten als Filmstars	88

Eine kleine Himmelskunde

Von Göttern und Gestirnen	92
Reise durch das Sonnensystem	94
Warum leuchten Sterne?	96
Steckbrief der Sterne	98
Welteninseln im Universum	100
Vom Hobby zur Wissenschaft	102

Sternkarten und Service

Kalender der Himmelsereignisse	106
Sternatlas: Nordpolregion	108
Sternatlas: Äquatorregion 0 Uhr	110
Sternatlas: Äquatorregion 6 Uhr	112
Sternatlas: Äquatorregion 12 Uhr	114
Sternatlas: Äquatorregion 18 Uhr	116
Sternatlas: Südpolregion	118
Die Messier-Objekte	120
Buchtipps, Links und Adressen	122
Register	124
Impressum/Bildnachweis	128

Sterne beobachten für Einsteiger

Ein Abend mit Sternen
Fenster auf und rausgeschaut: Was es am Himmel alles zu sehen gibt

Ausflug mit dem Großen Wagen
Ihr Wegweiser für Himmelstouren: der Große Wagen als „Himmels-Navi"

Sterne unter die Lupe genommen
Auf den zweiten Blick entdeckt: Doppelsterne, Nebel und Galaxien

Sternbilder im Frühling/Sommer
Vom Löwen bis zum Schwan: die schönsten Sternbilder von März bis August

Sternbilder im Herbst/Winter
Vom Pegasus bis zum Orion: die schönsten Sternbilder von September bis Februar

Mond und Planeten auf der Spur
Wandersterne und Schattenspiele: Wie man Mond und Planeten sehen kann

Ein Abend mit Sternen

Zum Sterne beobachten brauchen Sie erst einmal nur eins: schönes Wetter. Dann heißt es Fenster auf, raus auf den Balkon oder ab in den Garten. Ein entspannter Blick an den Himmel wird Ihnen viele schöne und faszinierende Dinge am Sternenzelt offenbaren.

Auf einen Blick

→ *Auffälliges am Himmel*
Ganz schnell und blinkend: ein Flugzeug. Ein sich bewegender Stern: meist ein Satellit. Kurze Leuchtspur: eine Sternschnuppe. Helle, langsam wandernde Lichter: Partyballons.

→ *Sterne wandern langsam*
Sterne und Sternbilder ziehen im Laufe einer Nacht gemächlich über den Himmel. Grund: die Drehung der Erde um ihre eigene Achse. Abends sieht man deshalb andere Sterne als morgens.

→ *Planeten finden*
Venus, Mars, Jupiter und Saturn leuchten so hell wie helle Sterne. Planeten wandern im Lauf der Monate durch die Sternbilder und sehen dort aus wie ein Stern „zu viel".

→ *Der Polarstern*
Ein Stern am Himmel bewegt sich nicht: der Polarstern. Er ist in jeder klaren Nacht exakt in Nordrichtung zu sehen.

Viel Verkehr am Firmament

Am Himmel geht es manchmal fast zu wie auf dem Rummelplatz. Die einen Lichter funkeln, andere blinken und bewegen sich. Was still steht, ist ziemlich sicher ein Stern. Schnelle Lichtpunkte, die auch noch blinken, sind meistens Flugzeuge. Was nicht blinkt und gemächlich seinen Weg zwischen den Sternen nimmt, ist ein Satellit. Und bei ganz kurz vorbeihuschenden Sternchen hat man eine Sternschnuppe gesehen.

Ufos sind alte Bekannte

Mit der Beobachtung von Flugzeugen, Satelliten und Sternschnuppen kann man sich gut die Zeit vertreiben. Beim beliebten Wettbewerb „Satelliten gegen Sternschnuppen zählen" sind die Satelliten leider meistens der Sieger. Besonders in den Sommermonaten, wenn die Abende lang sind und es mancherorts gar nicht mehr vollkommen dunkel wird, scheint es am Firmament vor lauter Satelliten nur so zu wimmeln. Vorsicht: Etwas tief fliegendes mit einem hellen, flackernden Licht ist kein Ufo, sondern nur ein Partyballon aus der Nachbarschaft.

Sterne bewegen sich nicht

Die Sterne und Sternbilder sind von diesem bunten Treiben wenig beeindruckt. Man könnte fast sagen, einen Stern erkennt man daran, dass er sich nicht be-

▶ *Das Foto zeigt, was dem Auge oft verborgen bleibt: die Milchstraße über der Stadtbeleuchtung. Um die Milchstraße selbst sehen zu können, muss man raus aufs dunkle Land fahren.*

▶ *Genuss pur: das Spiel heller Planeten in der farbenprächtigen Abenddämmerung.*

wegt. Aber das stimmt nicht ganz: Da sich die Erde in 24 Stunden einmal um sich selbst dreht, ziehen die Sterne gemeinsam – immer mit gleichem Abstand zueinander – gemächlich ihre Bahnen über den Nachthimmel.

Planeten sehen aus wie helle Sterne

Doch keine Regel ohne Ausnahmen. Das ein oder andere Sternbild wird in manchen Monaten von hell leuchtenden „Sternen" gestört, die mit dem Sternbild nichts zu tun haben. Wer sich etwas auskennt wird feststellen, dass immer die gleichen Sternbilder von diesen Besuchern betroffen sind. Bei diesen Besuchersternen handelt es sich um Planeten, die im Laufe von Wochen und Monaten langsam durch die Sternbilder wandern.

Der Himmel dreht sich

Mag sie noch so langsam anmuten, die Bewegung der Sterne ist zu erkennen, wenn man sich zum Beispiel die Position eines hellen Sterns zu einem Hausdach oder Baum merkt. Eine halbe oder ganze Stunde später ist es nicht mehr zu übersehen: Der Stern hat sich bewegt. Ganz so, wie Sonne und Mond für uns erkennbar in den Tages- und Nachtstunden von Ost nach West über den Himmel gleiten.

Der ruhende Pol

Einen Stern lässt das ganze Gewusel völlig kalt. Er verändert seinen Ort am Himmel überhaupt nicht, ganz gleich wann man ihn sucht. Dieser Stern befindet sich zufällig an einem besonderen Ort: Der „Polarstern" steht genau im Zentrum der Himmelsdrehung. Man findet ihn, wenn man exakt nach Norden halbhoch an den Himmel schaut. Um den Polarstern drehen sich alle anderen Sterne. Je weiter sie vom Polarstern entfernt sind, desto länger ist ihr Weg über den Himmel.

▶ *Durch die Erddrehung wandern die Sterne in Kreisbahnen über den Himmel.*

Tipp vom Sternfreund

→ *Ziehen Sie sich warm an*

Der Nonsens-Spruch „Nachts ist es kälter als draußen" müsste richtig heißen „Nachts ist es draußen kälter als man denkt". Und das auch in scheinbar lauen Sommernächten. Daher immer einen Pulli oder eine dicke Jacke anziehen, wenn Sie zum Sterne beobachten rausgehen. Zu warm war sicher noch kein Hobby-Astronom gekleidet …

Ein Abend mit Sternen

Ausflug mit dem Großen Wagen

Um Sternbilder zu suchen, schaut man, klar, nach oben. Aber dann?
Nach links, nach rechts, nach vorne oder nach hinten blicken?
Ein Himmels-Navi muss her! Und das gibt es am Sternenzelt schon serienmäßig: den Großen Wagen.

Auf einen Blick

→ *Finden Sie die Nordrichtung*
Damit die Orientierung am Himmel leichter fällt, suchen Sie mit einem Kompass, dem Navi, GPS-Handy oder Stadtplan die Nordrichtung.

→ *Sternbilder sind größer als man denkt*
Die gespreizten Finger an der ausgestreckten Hand geben einen Eindruck, wie groß der Große Wagen am Himmel ist.

→ *Mal hier, mal dort, aber immer zu sehen*
Der Große Wagen tourt im Laufe des Jahres um den Himmelspol. Werfen Sie einen Blick auf die Abbildung Seite rechts, um zu sehen, wo Sie ihn heute Abend finden werden.

→ *Der Kleine Wagen*
Er ist nicht viel kleiner als der Große Wagen, aber seine Sterne leuchten nicht so hell. Vom Großen Wagen aus kann man den hellsten Stern dort finden: den Polarstern.

Erst mal richtig hinstellen

Wer Sterne beobachten will, muss sich erst einmal ordentlich hinstellen. Gemeint ist hierbei aber nicht eine zackige Körperhaltung, sondern zu wissen, in welche Himmelsrichtung man gerade schaut. Für Seeleute und Autofahrer ist das kein Problem – der eine zieht seinen Kompass aus der Tasche, der andere knipst sein Navi an. Beides dient einem Zweck: die Nordrichtung am Himmel zu finden.

Die Nordrichtung finden

Ob mit Kompass, Navi oder GPS-Handy: Stellen Sie fest, in welcher Richtung Norden ist. Das muss man nur einmal machen und merkt sich an seinem Lieblingsbeobachtungsplatz für die Zukunft, welches Nachbarhaus, welcher Baum in Nordrichtung steht. Man kann auch einen Stadtplan nehmen, dort ist Norden immer oben. Norden gefunden? Dann geht die Suche weiter: Wo ist der Große Wagen?

Mein Wagen ist der größte

Das Planetarium in Mannheim verkauft einen netten Aufkleber. Dort ist das Sternbild Großer Wagen abgebildet und

▲ *Die Nordrichtung finden. Das geht einfach mit Kompass oder Navi – aber eine einfache Straßenkarte tut's auch. Dort ist Norden immer oben.*

daneben steht „Mein Wagen ist der größte". Dieser Scherz für Kleinwagenfahrer hat aber viel Wahres: Der Große Wagen ist wirklich verdammt groß! Strecken Sie mal eine Hand weit von sich und spreizen die Finger. Die Strecke vom Daumen bis zum kleinen Finger zeigt knapp die Größe des Großen Wagens. Und am Himmel schaut das noch imposanter aus.

▲ So sieht er aus, der Große Wagen – eher wie ein Einkaufswagen. Und ganz schön groß ist er, das sollte man nicht unterschätzen.

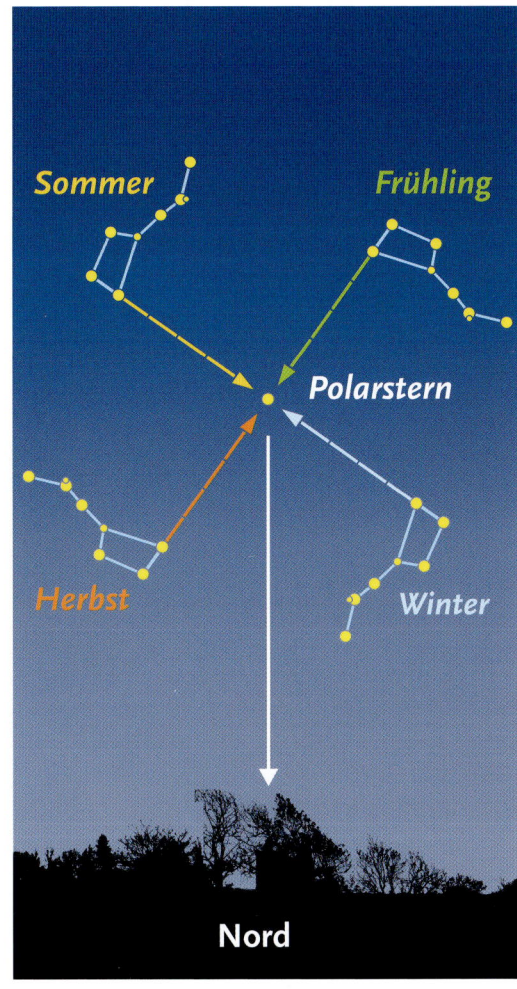

▲ Den Großen Wagen findet man immer in Nordrichtung. Aber je nach Jahreszeit an einer etwas anderen Stelle.

Wir finden den Großen Wagen

Der Große Wagen sieht eher aus wie ein Einkaufswagen mit abstehendem Griff aus drei Sternen. Man findet ihn immer ungefähr in Nordrichtung. Mit „ungefähr" ist gemeint, je nach Jahreszeit fährt er gerade am Horizont entlang, steht halbhoch am Himmel oder genau über uns. Als Faustregel gilt: Im Winter halbhoch rechts von der Nordrichtung, im Frühling ganz oben, im Sommer halbhoch links und im Herbst knapp über dem Horizont. Gar nicht so schwer, oder?

Vom Großen zum Kleinen Wagen

Ein großer Vorteil des Großen Wagens: Man kann ihn das ganze Jahr sehen. Für andere Sternbilder gilt das nicht. Aber nicht verwirren lassen, das ist schnell erlernt.

Dazu nehmen wir den Großen Wagen als Himmels-Navi und finden so andere Sternbilder. Los geht's mit dem Kleinen Wagen. Schauen Sie sich dazu die Abbildung oben rechts an. Die zwei rechten Sterne des Einkaufskorbs nach oben verlängert zeigen genau zum Polarstern. Jetzt ist auch ohne Kompass klar, wo ganz exakt Norden ist!

Ins WEB geklickt

→ *Sterne im Computer*

Wer vor dem Blick an den Himmel schon mal üben möchte, der lade sich die kostenlose Version der Planetariums-Software „Redshift" herunter: www.redshift-live.de.

Sterne unter die Lupe genommen

Das bekannteste „Sternbild" – den Großen Wagen – haben wir bereits kennen gelernt. Daher wollen wir hier unseren ersten Ausflug in den nächtlichen Sternenhimmel starten. Wir finden dort eine Reihe von typischen Himmelsobjekten, deren Beobachtung uns viel über den Aufbau des Weltalls erzählt.

Auf einen Blick

→ *So sahen es die alten Griechen*
Nahezu alle auf der Nordhalbkugel sichtbaren Sternbilder stellen Götterfiguren oder Bestandteile göttlicher Abenteuergeschichten dar.

→ *Jeder Stern ein Einzelstück*
Es ist wie im richtigen Leben. Auch unter den Sternen gibt es groß und klein, jung und alt und die verschiedensten Farbschattierungen zwischen blau und rot.

→ *Doppelsterne sind gar nicht selten*
Die meisten Sterne stehen nicht alleine im All, sondern haben einen oder mehrere Begleiter, die sich gegenseitig umkreisen.

→ *Inseln im Weltall*
Galaxien sind ferne Ansammlungen aus Milliarden einzelner Sterne. Wenn wir sie beobachten, blicken wir nicht nur weit in das Weltall hinaus, sondern auch Millionen von Jahren in die Vergangenheit.

Ein kleiner Blick ins Geschichtsbuch

Der Begriff Großer Wagen geht auf den Erntewagen des germanischen Gottes Thor zurück und ist damit das einzige Sternbild aus vorchristlicher Zeit, das sich bis heute im Alltagsgebrauch erhalten hat. In der griechischen Sagenwelt sind unsere Wagensterne Bestandteile des Sternbildes „Große Bärin". In diese wurde die schöne Nymphe Kallisto nach einem Seitensprung mit dem Göttervater Zeus aus Rache verwandelt.

Hell oder dunkel – nah oder fern?

Die Helligkeiten der mit dem bloßen Auge erkennbaren Sterne sind in fünf Stufen unterteilt, wobei die hellsten Sterne die erste Größenklasse darstellen und die schwächsten Sterne der sechsten Größenklasse zuzuordnen sind. Die drei ungefähr gleich hellen Deichselsterne des Wagens sind beispielweise von 2. Größe. Die beiden vorderen Kastensterne sind hingegen sichtbar schwächer und gehören der 3. Größenklasse an. Ein dunklerer Stern ist aber nicht unbedingt weiter von uns entfernt, er kann auch einfach nur lichtschwächer sein. Es gibt große und kleine, junge und alte, rote oder blaue Sterne mit entsprechend unterschiedlicher Leuchtkraft.

Sterne mit Familiensinn

Ein ganz besonderes Sternpaar entdeckt man in der Mitte der Wagendeichsel. Über dem dortigen Stern mit dem Namen Mizar finden Sie mit scharfem Blick oder einem kleinen Fernglas das „Reiterlein" – den kleinen Stern Alkor. So eng beieinander stehende Sterne nennt man Doppelsterne. Oft sind sie auch gemeinsam entstanden, bilden also eine Familie.

◂ *Der Große Wagen ist die wohl bekannteste Himmelskonstellation. Offiziell sind seine sieben Sterne aber nur Teil des größeren Sternbilds Großer Bär.*

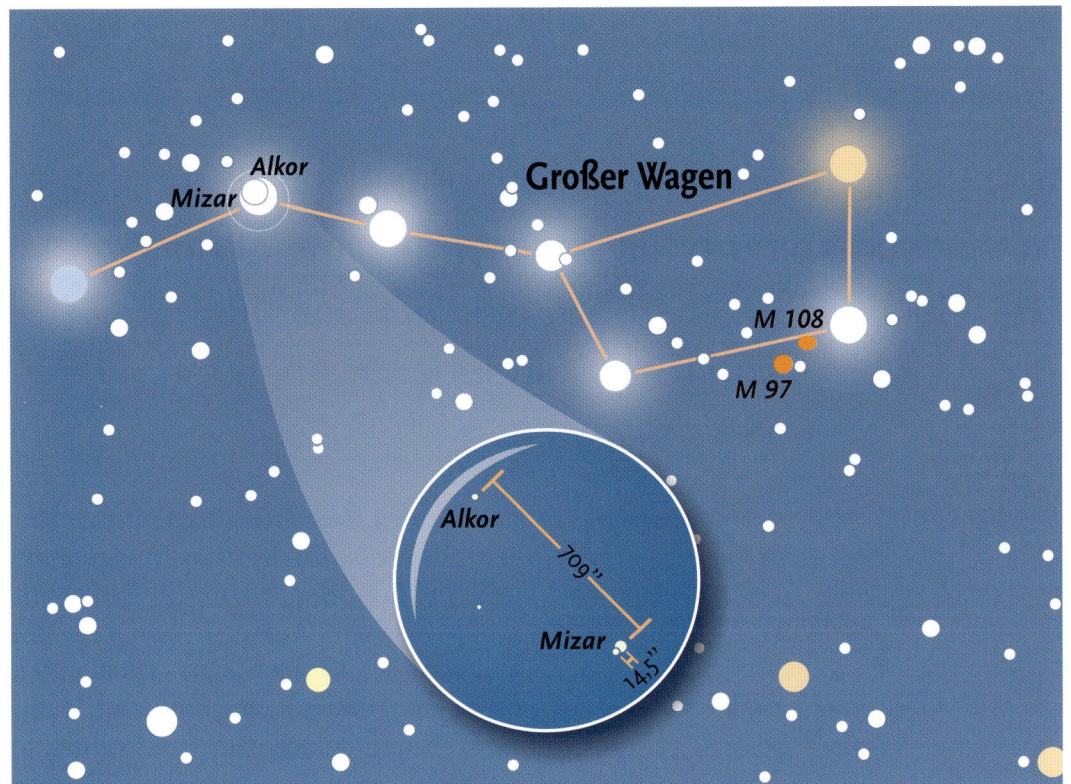

▲ *Mizar und Alkor: Einst Prüfstern für gute Augen, heute ein gerne beobachteter Doppelstern.*

Nachgefragt

> **→ Ist der Große Wagen ein Sternbild?**
>
> Jeder kennt den Großen Wagen. Der Blick auf die Sternkarte zeigt an dieser Stelle aber das Sternbild „Ursa Major" (Großer Bär oder genauer Große Bärin). Wieso aber hat dieses Sternbild zwei Bezeichnungen? Ganz einfach: Der Große Wagen ist ein Teil der Ursa Major. Er wird aus den sieben hellsten Sternen des Sternbildes gebildet, die einen trapezförmigen Wagen mit markant gebogener Deichsel formen. Ein echtes Sternbild ist der Große Wagen daher nicht.

Ein Blick auf den Lebenslauf

Für den Besitzer eines kleinen Teleskops gibt es in diesem Sternbild eine ganze Menge mehr zu sehen. Nahe am hinteren, unteren Kastenstern findet sich ein recht heller „Planetarischer Nebel". Der Name rührt daher, dass diese Objekte mitunter wie kleine Planetenscheibchen aussehen können. Die kugelförmige Wolke – wegen ihres Erscheinungsbildes auch Eulennebel (Katalognummer M 97) genannt – entstand vor 6000 Jahren aus der Gashülle eines alternden Sternes.

Luft anhalten und ganz tief eintauchen

Unmittelbar neben dem Eulennebel befindet sich die Galaxie Nummer M 108. Hier taucht Ihr Blick tief in den Kosmos ein: Diese sehr weit entfernte kosmische Welteninsel besteht – wie das uns nahe

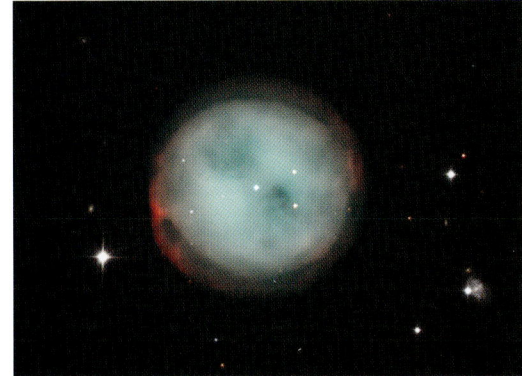

▲ *Von oben nach unten: der Doppelstern Mizar/Alkor im Teleskop, der Planetarische Nebel M 97 und die Galaxie M 108.*

stehende Band der Milchstraße – aus Milliarden von Einzelsternen, die hier freilich nicht einzeln erkennbar sind. Das Licht dieser fahlen, spindelförmigen Lichtwolke, das nun in Ihr Auge fällt, wurde dort vor rund 45 Millionen Jahren ausgesandt. Faszinierend, oder?

Sterne unter die Lupe genommen

Sternbilder im Frühling/Sommer

Kommen wir nun zum A und O bei der Himmelsbeobachtung. Die Sternbilder sind es, die Ordnung in das chaotisch anmutende Sternengewimmel bringen. Also nur Mut: Raus in die klare Nacht. Gemeinsam wollen wir uns nun die schönsten Sternbilder von März bis August einmal genauer ansehen.

Auf einen Blick

→ *Der Frühlingshimmel*
Arktur im Bootes ist der Vorbote des Frühlings und erscheint schon im Januar über dem Osthorizont. Der Löwe mit seinem Hauptstern Regulus ist das typische Frühlingssternbild.

→ *Hilfslinien helfen Orientierung*
Das Sommerdreieck ist eine der bekanntesten Anordnungen am Himmel, die selbst kein Sternbild darstellen. Die Verbindungslinien der drei hellsten Sterne führen uns zu den drei wichtigsten Sommersternbildern des Nordhimmels.

→ *Der Sommerhimmel*
Der Skorpion ist eines der markantesten Sternbilder. Für Betrachter in Mitteleuropa ist im Frühsommer aber nur ein kleiner Teil des Skorpion tief am Südhorizont zu sehen. Erst im Mittelmeerraum kommt er ausreichend hoch über den Horizont, um in voller Pracht erkennbar zu werden.

Arktur läutet den Frühling ein

Vom bereits bekannten Großen Wagen aus wollen wir heute Abend wieder andere Sternbilder aufsuchen. Dem Schwung seiner Deichsel folgend, führt er Sie leicht zum hellorange leuchtenden Stern Arktur im Sternbild Bootes. Arktur ist übrigens der vierthellste Stern am gesamten Himmel. Er wird also seinem Ruf als roter Riesenstern absolut gerecht. Das Sternbild selbst hat die markante Form einer Eistüte und kündigt damit wohl den kommenden Sommer an.

Der König des Frühlingshimmels

Wie uns die beiden hinteren Wagen-Sterne zum Himmelspol bringen, hatten wir schon gesehen. Wenn Sie nun aber die Keilform des Wagenkastens nach unten verlängern und zu einer Spitze zusammenführen, landen Sie im Frühlingssternbild Löwe. Der Löwe hat übrigens eine recht ähnliche Kastenform wie der Wagen. Den Schwanz des Löwen bildet der zweithellste Stern ganz links. Regulus, der hellste Stern im Löwen, ist das Herz des Raubtieres.

▼ *Tief am Südhorizont, genau über dem Hausgiebel, lugt der Kopf des Sternbildes Skorpions hervor.*

Das Sommerdreieck: kein Sternbild, aber praktisch

Im Sommer wird der Himmel von drei hellen Sternen dominiert, die ein riesiges Dreieck bilden. Zu fortgeschrittener Nachtstunde steht hoch über uns die Wega in der Leier; hell wie Arktur, aber mit weißblauem Licht. Nicht weit entfernt leuchtet Deneb, Hauptstern des Schwans. Der Schwan wird wegen der kreuzförmigen Anordnung seiner Sterne auch als „Kreuz des Nordens" bezeichnet. Weiter südlich komplettiert Atair im Sternbild Adler das Trio.

Ein Sternbild namens Teekanne?

Als fahles Lichterband schwingt sich nun auch die Milchstraße vom Osthimmel aus empor. Durch die Sternbilder Schwan und Adler hindurch können Sie ihren Weg hinunter in den Süden verfolgen. Dort, ganz am Horizont findet sich das unscheinbare Sternbild Schütze, von den Amerikanern wegen seiner Form zu Recht als Teekanne bezeichnet. Rechts davon lugen Teile des Skorpions mit dem hellen Stern Antares über den Horizont, der Rest des Sternbildes bleibt uns aber verborgen.

Tipp vom Sternfreund

→ *Sternbilder leichter finden*

Für das menschliche Auge sind geometrische Figuren wie Linien, Dreiecke oder Rechtecke besonders auffällig. Wer mit der Karte in der Hand auf die Suche nach Sternbildern geht, sollte dies ausnutzen. Suchen Sie sich auf der Karte markante Sternfiguren, die Ihnen den Weg vom Startpunkt zur gewünschten Himmelsregion zeigen.

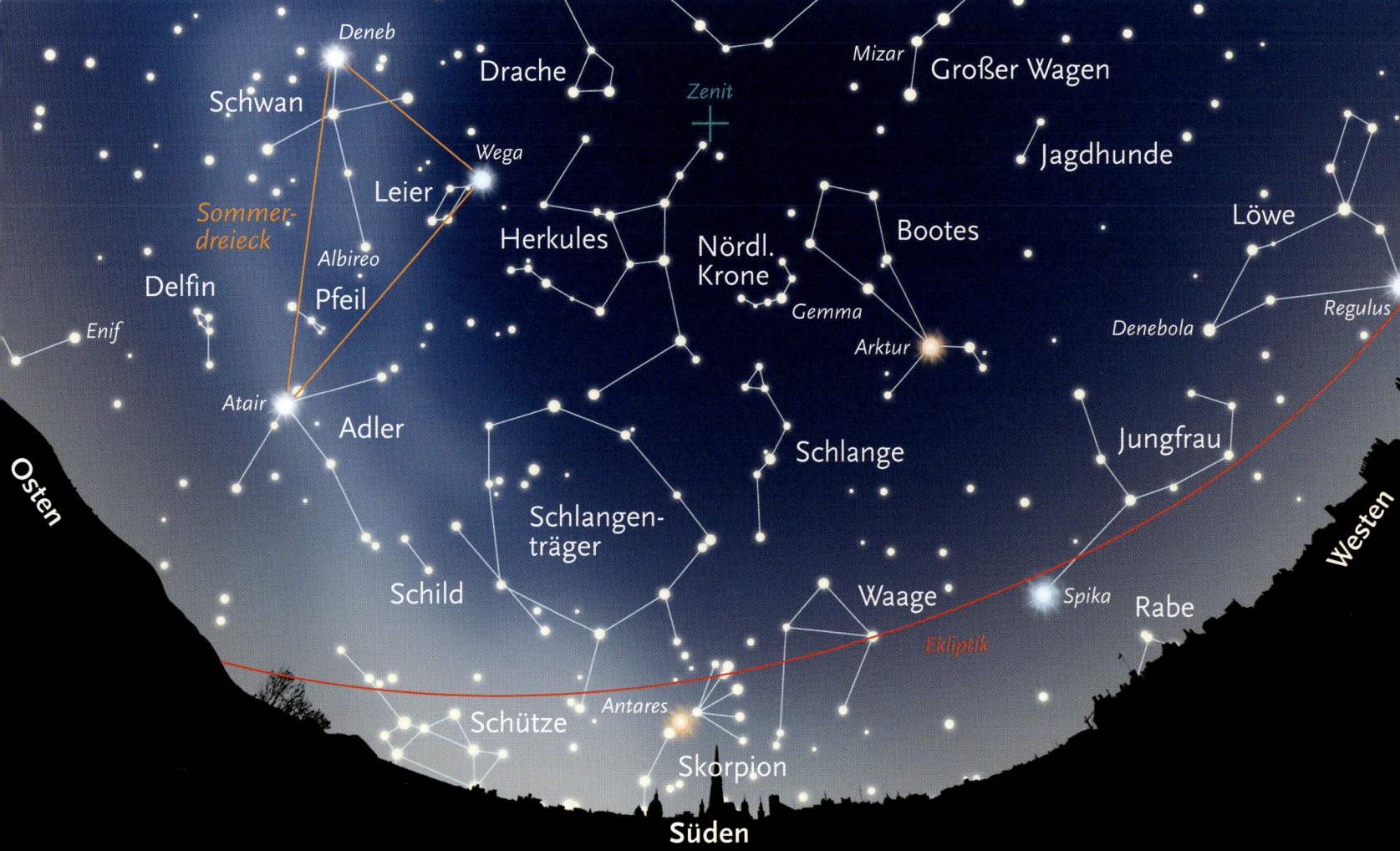

Sternbilder im Frühling/Sommer

Sternbilder im Herbst/Winter

Auch die kalte Jahreszeit hat ihre Reize. In der Zeit von September bis Februar zeigt sich der Sternenhimmel von seiner prächtigsten Seite. Mit vielen hellen Sternen und tollen Himmelsobjekten von Pegasus bis Orion. Aber bitte eine ausreichend wärmende Kleidung nicht vergessen.

Auf einen Blick

→ *Blasse Herbstabende*
Die Sternbilder des Herbsthimmels sind nur mit mittelhellen Sternen gesegnet.

→ *Orion im Zentrum*
Das Sternbild mit der Menschenform steht im Mittelpunkt des gesamten Winterhimmels. Linker Schulterstern (orange) und rechter Fußstern (weißblau) zeigen schön die Sternfarben.

→ *Der Stier im Haufen*
Das Sternbild Stier besteht im Wesentlichen aus einem großen, V-förmigen Sternhaufen. Zudem liegt der kompakte Haufen des Siebengestirns (auch „Sieben Schwestern" oder „Plejaden" genannt) ebenfalls im Stier.

→ *Sirius ist die Nummer 1*
Der blauweiß strahlende Sirius (auch „Hundsstern" genannt) tief im Süden ist der hellste Stern des gesamten Himmels.

Ein wenig Herbsthimmel

Der Herbsthimmel gestaltet sich zwischen dem Sommerhimmel mit seiner prächtigen Milchstraße und dem Winterhimmel mit seinen besonders vielen hellen Sternen eher überschaubar. Vom riesigen Quadrat des Sternbildes Pegasus dominiert, finden wir dort als Anhängsel auch die Sternenkette der Andromeda. Diese zeigt zum Sternbild Perseus. Direkt darüber steigt gerade das schöne Himmels-W, die Kassiopeia, empor.

Der Winterjäger zeigt den Weg

Die zentrale Figur des Winterhimmels ist das Sternbild Orion. Mit den beiden hellen Schultersternen, der auffälligen Dreierkette der Gürtelsterne und den beiden hellen Fußsternen fällt es nicht schwer, hier eine menschliche Figur zu erkennen. Vom Orion aus können Sie zudem leicht alle Wintersternbilder auffinden. Verlängert man die Diagonale aus rechtem Fußstern (dem blauweißen Rigel) und linkem Schulterstern (der orange leuchtenden Beteigeuze) um die gleiche Länge nach oben, so findet man sich mitten im länglichen Kasten der Zwillinge wieder. Deren oberes Ende bilden die hellen Sterne Kastor und Pollux.

Ein Siebengestirn aus sechs Sternen

Über die Verlängerung der entgegengesetzten Diagonalen im Orion, vom lin-

▸ *Ein sehr markantes Sternbild am Winterhimmel: der Orion mit seinen roten Gasnebel unter den drei Gürtelsternen.*

ken, schwächeren Fußstern über die rechte Schulter mit der weißblauen Bellatrix, gelangt man in das Sternbild Stier. Dessen V-förmiges Zentrum aus mittelhellen Sternen, der Kopf des Stiers, bildet der Sternhaufen der Hyaden mit dem hellen Stern Aldebaran. In weiterer Verlängerung trifft man schließlich auf den dichten Sternhaufen der Plejaden, die ebenfalls noch zum Stier gehören. Im Volksmund Siebengestirn genannt, besteht dieser Haufen aus sechs hellen und einer Vielzahl schwacher Sterne. Achtung: Die Plejaden sind nicht der Kleine Wagen!

Des Jägers Hunde

Folgt man der Verbindungslinie beider Fußsterne nach Osten, also nach links, so trifft man auf den strahlenden Sirius, den hellsten Stern des Himmels. Zusammen mit einigen schwächeren Sternen bildet er das Sternbild Großer Hund. Analog hierzu können Sie die beiden Schultersterne verbinden und dieser Linie gut zweimal nach Osten (nach links) folgen. Hier steht weitgehend alleine der helle Stern Prokyon, der zusammen mit einem schwächeren Nachbarstern das Sternbild Kleiner Hund bildet.

PraxisTipp

→ *Rundreise mit dem Wintersechseck*

Ähnlich wie das Sommerdreieck zeigen auch die hellen Sterne des Winterhimmels eine große Figur: Beim rechten Fußstern des Orion mit dem Stern Rigel beginnend, bilden Aldebaran (Stier), Kapella (Fuhrmann), Kastor und Pollux (Zwillinge), Prokyon (Kleiner Hund) und Sirius (Großer Hund) ein Sechseck am Himmel.

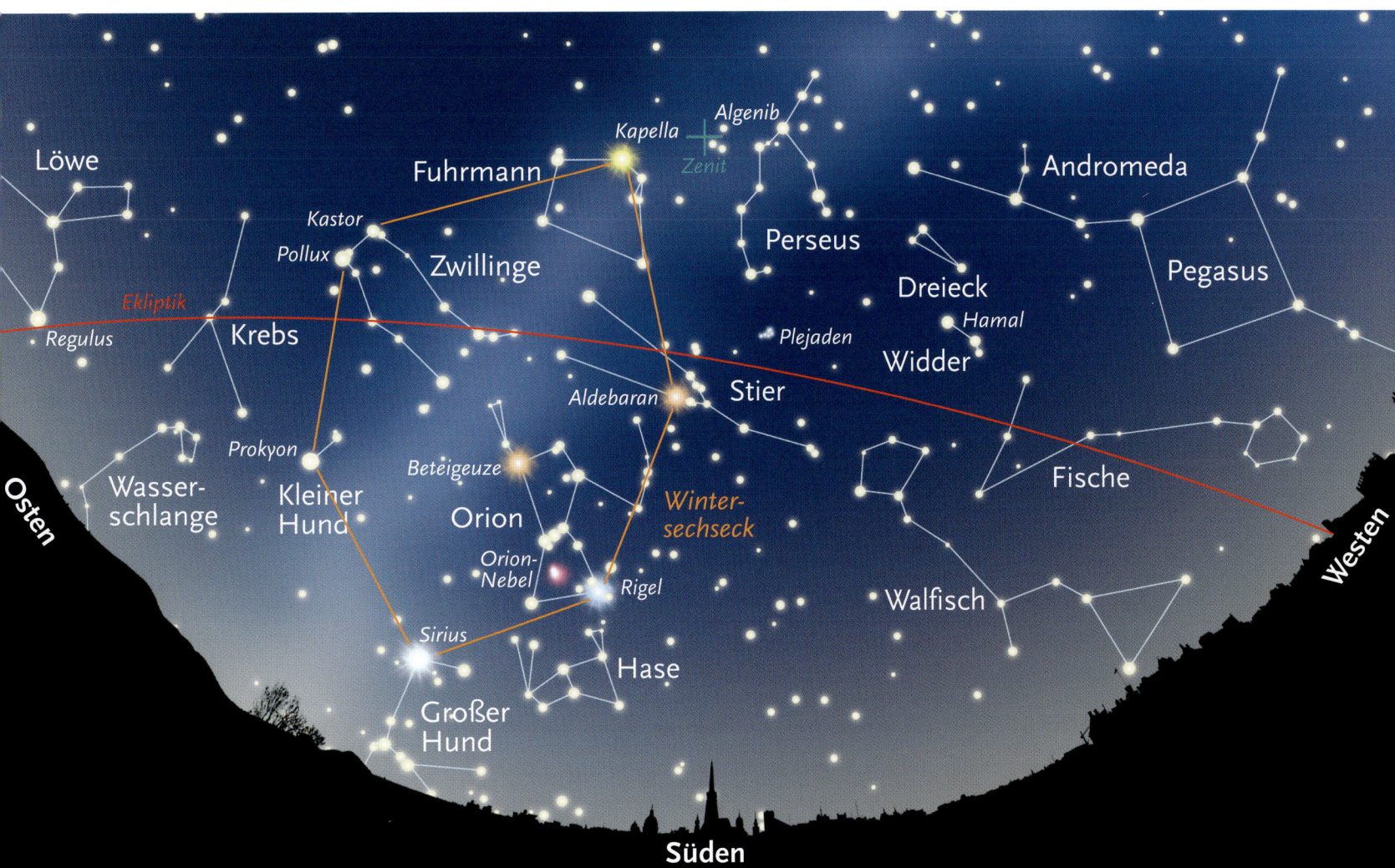

Sternbilder im Herbst/Winter

Mond und Planeten auf der Spur

Die Sternbilder sind unveränderlich. Trotzdem scheinen uns einige helle Sternchen immer wieder verwirren zu wollen, weil sie mal hier und mal dort zu finden sind. Gleich fünf helle Planeten tummeln sich gemeinsam mit dem Mond am Himmel.

Auf einen Blick

→ *Tierkreis als Planetenstraße*
Alle Planeten laufen auf der gleichen Strecke durch den Sternenhimmel und durchqueren dabei die Tierkreissternbilder.

→ *Schneller Mond*
Von Abend zu Abend erkennt man deutlich die Mondbewegung und die Änderung seiner Sichelgestalt. In nur einer Nacht kann man seine Bewegung relativ zu den Sternbildern bemerken.

→ *Venus als Ufo*
Die Venus steht mitunter als gleißend heller Morgen- oder Abendstern hoch am Dämmerungshimmel und sorgt regelmäßig für Aufruhr unter den Ufo-Anhängern.

→ *Außen ist besser*
Die Planeten jenseits der Erdbahn – Mars, Jupiter und Saturn – können die ganze Nacht am Himmel sichtbar sein und erscheinen als helle, gelbliche Sterne.

Ekliptik – die Straße für Planeten

Alle Planeten umkreisen die Sonne in einer Ebene, die Ekliptik genannt wird. Von der Erde aus gesehen scheinen daher die Planeten und unser Mond immer irgendwo entlang eines schmalen Himmelsstreifens zu stehen. Die Sternbilder, die diesen Streifen abdecken, nennt man Ekliptiksternbilder oder – viel bekannter – die Tierkreissternbilder. Je weiter ein Planet von der Sonne und der Erde dabei entfernt steht, desto langsamer bewegt er sich auch unter den Sternen.

▼ *Unser Nachbarplanet Venus ist strahlend hell.*

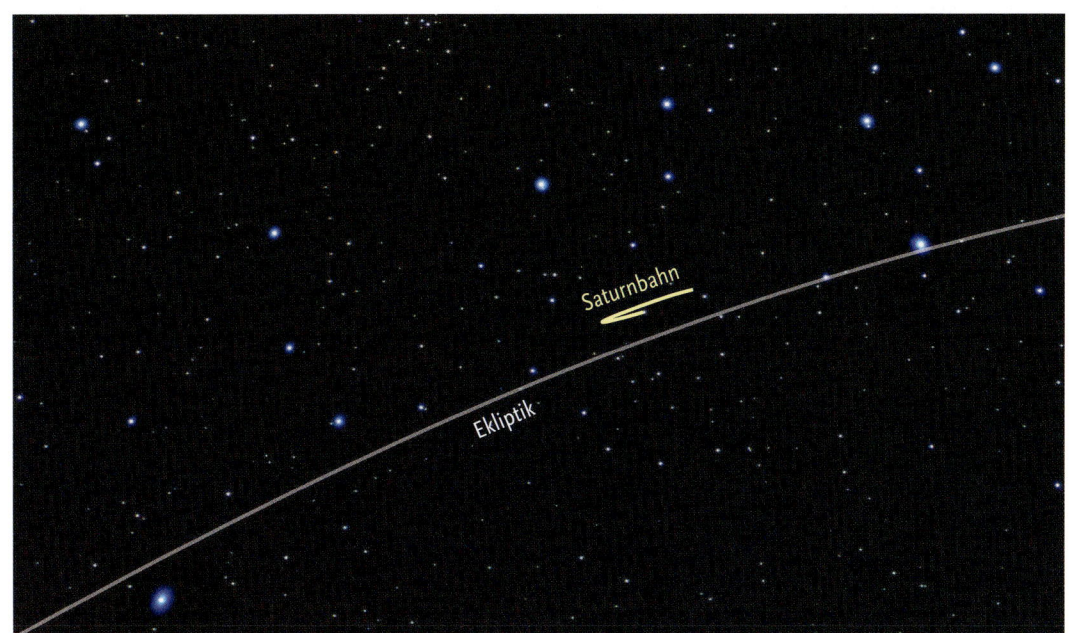

▲ Zwischen Winter 2008 und Frühling 2009 war die Wanderung des Planeten Saturn unterhalb des Sternbilds Löwe schön zu beobachten.

Mondbahn und Mondphasen

Der Mond zeigt uns innerhalb von zwei Wochen alle Phasen zwischen dem leuchtend hellen Vollmond und dem unsichtbaren Neumond. Da er in nur 28 Tagen einmal um die Erde kreist, sehen wir bereits von einem Abend zum anderen, wie er sich fast eine Handspanne lang vor dem Sternenhimmel bewegt hat. Ein flinker Komparse, der mit dem bloßen Auge auf seinem Scheibchen helle, alte Gebirgsregionen und dunkle, glatte Lavaflächen zeigt, die man für wunderliche Gestalten halten könnte.

Echt schnell: sonnennahe Planeten

Die beiden Planeten Merkur und Venus finden wir immer nur in der Dämmerung und damit in relativer Nähe zur Sonne. Der winzige Merkur schafft es sogar nur wenige Male im Jahr, in der hellen Dämmerung eine Handbreit über den Horizont zu blitzen, bevor er im Dunst oder der Tageshelligkeit verschwindet. Die Venus schafft hingegen einen respektablen Abstand zur Sonne und kann als Morgen- oder Abendstern strahlend hell beobachtet werden. Wenn mal wieder „Ufo-Alarm" ist – einfach nach der aktuellen Sichtbarkeit der Venus schauen ...

Äußere Planeten – ein starkes Trio

Von den Planeten außerhalb der Erdbahn ist für uns das Trio aus Mars, Jupiter und Saturn interessant. Die anderen – Uranus, Neptun und Pluto – bleiben mit dem bloßen Auge nicht sichtbare, kleine sternartige Punkte. Mars, Jupiter und Saturn sind mitunter die ganze Nacht hindurch zu sehen, während sie über Wochen und Monate langsam ihre Bahn unter den Sternen ziehen. Alle drei erscheinen für das bloße Auge wie ein heller Stern mit einem gelblichen Farbschimmer. Im Fernrohr zeigen sie aber faszinierende Details!

Kometen, die Unglücksboten?

Ganz im Gegenteil! Das Auftauchen eines hellen Kometen ist für alle Sternfreunde ein beeindruckendes Erlebnis. Wenn sich so ein Geselle aus den Tiefen des Sonnensystems mal zu uns hertraut und wegen der Sonnennähe dann einen herrlichen Schweif zeigt, besteht kein Grund zur Panik. Setzen Sie sich einfach in einen bequemen Gartenstuhl und beobachten den Schweifstern mit bloßem Auge oder einem guten Fernglas. Ob sich gerade ein heller Komet nähert, wird rechtzeitig in den astronomischen Vorhersagen im Internet bekanntgegeben. Und die ganz dicken Brocken schaffen es sogar ins Fernsehen.

Nachgefragt

→ *Was ist der Mann im Mond?*

Die Verteilung der dunklen „Mondmeere" ist zufällig entsprechend der jeweiligen Topografie entstanden. Je nach Sichtbarkeit der Oberfläche scheinen die dunklen Flecken auf dem Mond entweder die Gestalt eines gebeugten, schwer tragenden Mannes oder eines frechen Hasen mit langen Ohren zu zeigen. Vielleicht entdecken Sie ein neues Bild auf der Mondscheibe?

Mond und Planeten auf der Spur

Astronomie – mein neues Hobby

Bin ich alleine hier draußen?
Sternwarte, Verein, Web: So finden Sie Gleichgesinnte

Was brauche ich an Ausrüstung?
Das macht Sinn: Tipps für Fernrohr & Co.

Die drehbare Sternkarte
Unentbehrlich: So sieht der aktuelle Himmelsanblick aus

Die Sterne ganz nah
Fernglas oder Teleskop: Wie wähle ich sie aus?

Ein Teleskop soll es sein!
Hier zählen Fakten: Fernrohre für Einsteiger und für Cracks

Die bessere Hälfte des Teleskops
Okulare, Filter, Barlow: Was ist das richtige Zubehör?

Auspacken und Sterne sehen
Schritt für Schritt: So klappt's mit dem ersten Fernrohr

Mit den Sternen gleiten
Echt pfiffig: So funktioniert die parallaktische Montierung

Streicheleinheiten für die Optik
Der TÜV für mein Teleskop: Justage und Pflege

Bin ich alleine hier draußen?

Gemeinsam geht's besser – besuchen Sie doch einmal eine Volkssternwarte in Ihrer Nähe. Mit den Tipps erfahrener Hobby-Astronomen werden die ersten Hürden gleich viel niedriger. Oder tauchen Sie online in die Welt der Hobby-Astronomie ein.

Auf einen Blick

→ *Sternwarte oder Verein suchen*
In vielen Regionen und nahezu jeder größeren Stadt gibt es Einrichtungen, die Informationsangebote und Kontakte bieten. Auch Volkshochschulen sind hier eine gute Adresse.

→ *Sternfreunde online treffen*
Das Internet ist auch für die Amateurastronomie Kommunikationsplattform Nummer 1. Diskussionsforen, Nachrichtenseiten, Sternwarten und Vereine – ein guter Einstieg ist *www.astronomie.de*.

→ *Sterne im Computer*
Computerprogramme, die den Himmel darstellen und Fragen beantworten, gibt es zahlreiche. Einige bieten einen guten kostenlosen Einstieg. Professionelle Lösungen begeistern mit tollen Grafiken, Animationen und großem Funktionsumfang.

Gleichgesinnte suchen – aber wo?

Bei der Auswahl eines Teleskops und bei den ersten Schritten am Sternenhimmel ist es sehr hilfreich, auf die Ratschläge eines erfahrenen Sternfreundes zurückgreifen zu können. Auch macht das Beobachten in der Gruppe und der gemeinsame Erfahrungsaustausch dabei viel Spaß und hilft, gemeinsam die eine oder andere Hürde zu bezwingen. Ein verblüffend einfacher Tipp: einfach mal in der Nachbarschaft, Familie, weiterführenden Schulen oder im Bekanntenkreis herumfragen. Oft gibt es bereits dort astronomisch Interessierte.

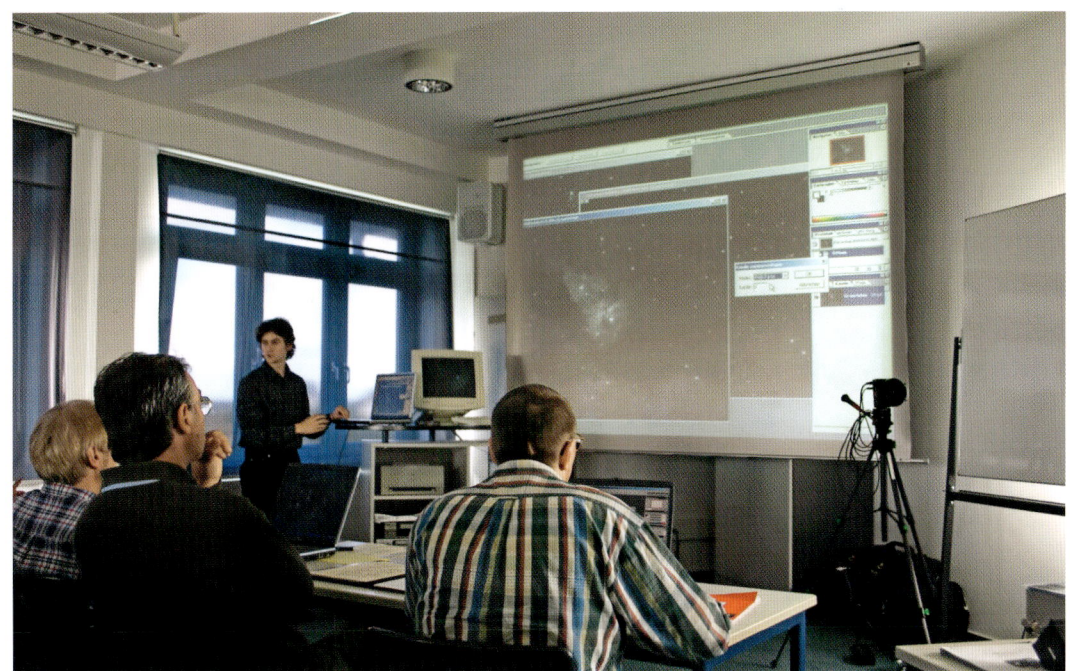

▲ Astro-Vereine und Volkshochschulen geben Kurse für Einsteiger.

◀ Volkssternwarten informieren und laden ein, Kontakte zu knüpfen.

Hier geht's zur Sache

Fast jede Region oder größere Stadt hat zumindest einen kleinen astronomischen Arbeitskreis, eine Volkshochschulgruppe oder einen Verein. In größeren Städten finden sich auch Volkssternwarten und Planetarien. Sehr praktisch ist der Besuch eines astronomischen Einsteigerkurses, da Ihnen hierbei nicht nur Wissen vermittelt wird, sondern Sie auch auf viele gleichgesinnte Personen treffen. Über Vereine, Volkssternwarten und Planetarien können Sie sich auch im Internet informieren, da heute nahezu jede dieser Einrichtungen im Internet präsent ist.

Ab ins Web

Aber nicht nur die Informationsseiten größerer Einrichtungen finden sich im Internet. Viele Sternfreude, vor allem solche, die bereits über ein eigenes Teleskop und erste Beobachtungserfahrung verfügen, präsentieren sich, ihre Ausrüstung und Ergebnisse auf privaten Homepages. Diese Seiten können gerade auch einem Einsteiger eine Fülle interessanter Erfahrungen und Informationen vermitteln. Direkten Kontakt gibt es über die großen Internetforen.

Zu Hause am PC

PC-Softwareangebote sind sehr praktisch, um sich intensiver – und vor allem witterungsunabhängig – mit dem Thema zu befassen und dabei das eigene Wissen zu vertiefen. Ein kostenloses Planetariumsprogramm, das auch ästhetisch sehr schöne Himmelsanblicke auf den PC-Bildschirm zaubert, ist „Stellarium" (www.stellarium.org/de/). Für den anspruchsvollen Anwender bietet das Programm „Redshift" (www.redshift-live.de) verschiedene Versionen, die spektakuläre Darstellungen unseres Universums mit vielen wissenschaftlichen Daten liefern. Dank der im Programm enthaltenen Präsentationen und eines detaillierten Lexikons kann sich der Anwender spielerisch Wissen über die Himmelsobjekte aneignen.

Link-Tipps

→ Astronomische Foren

www.astronomie.de: Größtes deutschsprachiges Astronomieportal
www.astrotreff.de: ein beliebtes Community-Forum
www.astroinfo.org: die Seite der Schweizer Amateurastronomen

→ Astronomische Nachrichten

www.kosmos-himmelsjahr.de: Aktuelle Ereignisse am Sternenhimmel
www.redshift-live.de: Astro-Nachrichten und Astro-Community
www.astroinfos.net: Bietet einen schönen Einsteigerleitfaden
www.astronews.com: Nachrichten aus Astronomie und Raumfahrt

→ Fachzeitschriften

www.suw-online.de: Das führende Astronomie-Magazin „Sterne und Weltraum"
www.interstellarum.de: Eine Zeitschrift für Hobby-Astronomen

→ Szene-Seiten

www.vds-astro.de: Die bundesweite „Vereinigung der Sternfreunde"
www.sternklar.de/gad: Sternwarten in Deutschland, Österreich und der Schweiz

Was brauche ich an Ausrüstung?

Jetzt geht's los: Sie haben die wichtigsten Sternbilder kennen gelernt und möchten es genauer wissen, um auf die Jagd nach Planeten und Galaxien gehen. Ein wenig Shopping ist angesagt: Auf eine passende Optik sollten Sie nicht verzichten.

Auf einen Blick

→ *Fernglas zum Start*
Bereits ein gutes Fernglas ermöglicht den Einstieg in die Himmelsbeobachtung. Der Astronomiefachhandel bietet hier preiswerte, aber durchaus leistungsfähige Gläser an.

→ *Zum Start benötige ich ...*
Vier Ausrüstungsgegenstände sind für den perfekten Einstieg in die Himmelsbeobachtung notwendig: Fernglas, Jahrbuch, Sternkarte, Taschenlampe.

→ *Achtung: Rotlichtbereich*
Spezielle Astro-Leuchten mit roter Leuchtdiode gibt es im Astro-Fachhandel.

→ *... und dann ein Teleskop*
Für das erste Fernrohr sollten Sie sich von einem Fachhändler oder Sternfreund ein paar Tipps geben lassen. Billigangebote vom Discounter sind nicht immer das Gelbe vom Ei.

1. Schritt: das richtige Fernglas

Sie benötigen kein Teleskop, um in die Beobachtung der Himmelsobjekte einzusteigen. Ein Fernglas mit mindestens 40 Millimetern Linsendurchmesser – besser sind 60 oder 70 – und einer Vergrößerung bis maximal 15-fach ist ein gutes Instrument zur Beobachtung des Nachthimmels. Ein weiterer Vorteil: Sollte die Begeisterung für die Astronomie irgendwann doch nachlassen, so lässt sich ein Fernglas auch für andere Freizeitaktivitäten oder den Urlaub gut nutzen.

▼ *Ferngläser bis 50 Millimeter eignen sich für erste Beobachtungen.*

2. Schritt: der richtige Einstieg

Und was benötigen wir für unsere erste Himmelsexpedition noch? Drei Dinge braucht der Sternfreund: ein Jahrbuch, eine Himmelskarte und eine Rotlicht-Taschenlampe. Jahrbücher wie das Kosmos Himmelsjahr listen Monat für Monat detailliert auf, welche Planeten gerade wo zu sehen sind und wann man Himmelsschauspiele erleben kann. Eine detaillierte Sternkarte als drehbare Variante oder in Buchform hilft, die gewünschten Himmelsobjekte rasch aufzufinden.

▼ *Astro-Ferngläser zeigen dank größerem Durchmesser mehr vom Himmel.*

3. Schritt: der erste Beobachtungserfolg

Wenn sich die Augen nachts an die Dunkelheit gewöhnt haben, sollten Sie den Blick auf die Sternkarte nur noch bei dunklem Rotlicht durchführen, damit die Augen nicht geblendet werden. Solche Taschenlampen mit vorschiebbarem Plastikfilter gibt es im örtlichen Baumarkt, etwas elegantere Modelle im Astro-Fachhandel. Aber auch das batteriebetriebene Rücklicht eines Fahrrads funktioniert gut. Zum Aufsuchen eines interessanten Himmelsobjektes starten Sie einfach an einem hellen, leicht zu findenden Stern und hangeln sich dann mit der Sternkarte zum Objekt der Begierde vor.

4. Schritt: Jetzt will ich mehr

Wer vor dem Erwerb seines Teleskops einige Zeit mit einem Fernglas beobachtet hat und erste Monddetails, den einen oder anderen hellen Sternhaufen oder die Monde des Jupiter beobachten konnte, wird sich mit der Auswahl und Nutzung eines Teleskops wesentlich leichter tun. Typische Einsteigerteleskope haben einen Objektivdurchmesser von 60 bis 120 Millimeter und sind ab rund 100 Euro zu haben. Von noch preiswerteren Billiggeräten ist eher abzuraten. Hier ist die Qualität zu gering. Nach einigen Trockenübungen in der Fernrohrbedienung bei Tageslicht ist dann ein erfolgreicher Start in die Himmelsbeobachtung sicher.

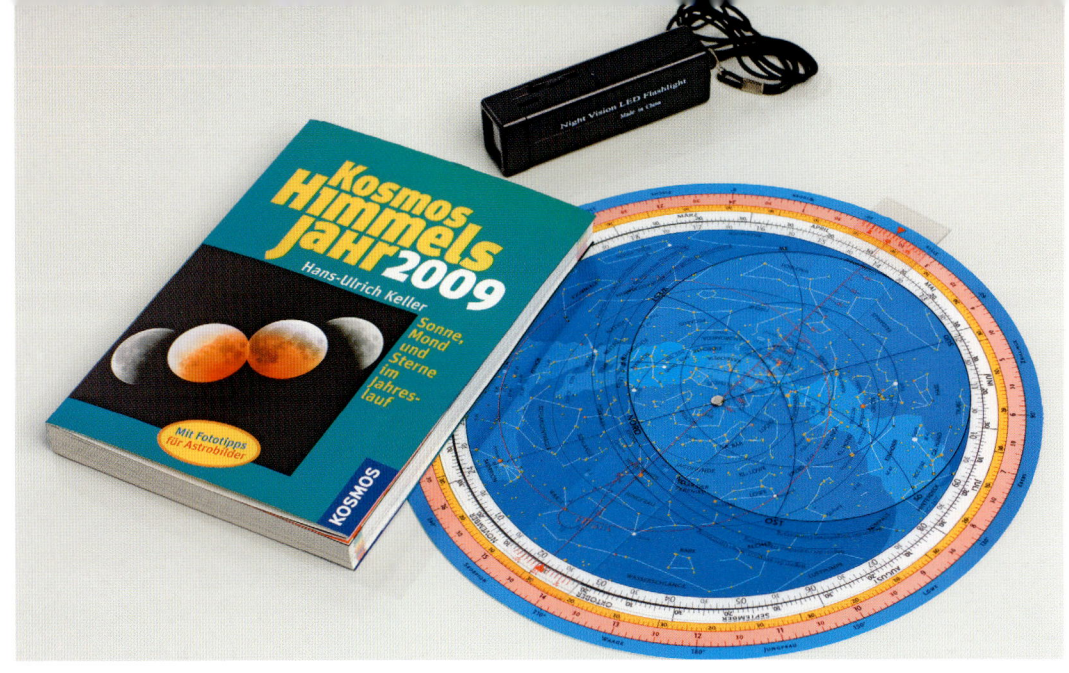

▲ *Die bewährte Einsteigerausrüstung besteht aus Jahrbuch, Sternkarte und Astro-Taschenlampe.*

▼ *Erst peilen, dann durchs Teleskop schauen. Bequemer ist der Blick mit einem Stuhl.*

Tipp vom Sternfreund

→ *Zu zweit geht's besser*

Falls möglich, sollten Sie Ihre ersten Beobachtungen mit einem gleichgesinnten Einsteiger oder noch besser mit einem geübten Sternfreund unternehmen. Viele Tipps und Tricks lassen sich in der Praxis einfach besser erfassen.

Was brauche ich an Ausrüstung?

Die drehbare Sternkarte

Um die aktuell am Himmel befindlichen Sternbilder kennen zu lernen, benötigt man eine Karte, die den momentanen Himmelsanblick zeigt. Ein praktisches Utensil hierfür ist die „drehbare Sternkarte".

Auf einen Blick

→ *Die drehbare Sternkarte*
Sie stellt den Himmelsanblick genau so dar, wie sich das Sternenzelt momentan für Sie zeigt.

→ *1. Schritt: Datum und Uhrzeit*
Um den aktuell sichtbaren Himmelsabschnitt zu erhalten, stellt man mit beiden Kartenteilen das aktuelle Datum auf die momentane Uhrzeit ein.

→ *2. Schritt: Blickrichtung Horizont*
Drehen Sie die gesamte Sternkarte so, dass Ihre Blickrichtung zum Himmel mit dem Horizont der Karte übereinstimmt.

→ *3. Schritt: Sternbilder finden*
Von einem bereits bekannten Sternbild ausgehend, kann man sich nun Schritt für Schritt am ganzen Himmel orientieren.

Alles ist in Bewegung

Drehbare Sternkarten wie die hier abgebildeten zeigen rasch und einfach den jeweils sichtbaren Ausschnitt des Sternenhimmels. Als Beobachter haben wir ja schon erkannt, dass zwei ständige Bewegungen die Position der Sterne am Nachthimmel permanent verschieben. Die Erde dreht sich einmal pro Tag um ihre Achse und bewegt sich einmal pro Jahr um die Sonne. Deshalb hängt es von Uhrzeit und Datum ab, welchen Teil des Himmels wir gerade sehen können.

▼ *Eine drehbare Sternkarte zeigt schnell und einfach den aktuellen Sternenhimmel. Die transparente Oberscheibe rahmt den sichtbaren Himmelsausschnitt ein.*

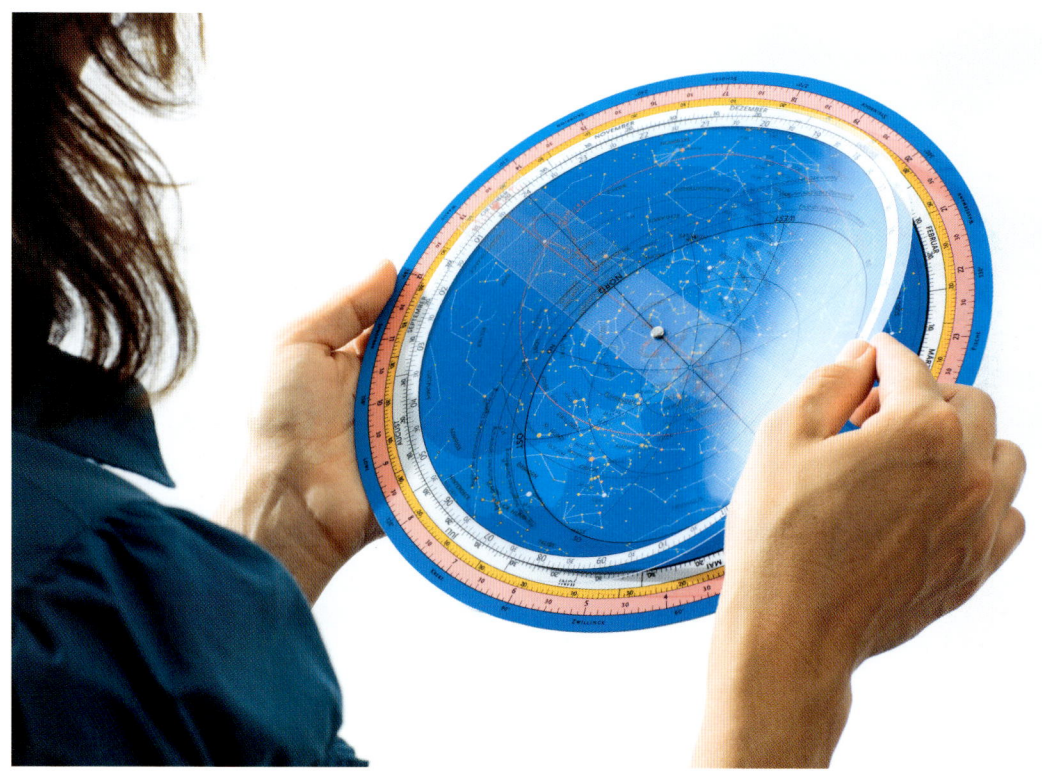

Einfach und pfiffig

Und genau dies stellen wir nun an unserer drehbaren Sternkarte ein. Drehen Sie dazu die Drehscheibe der Karte so lange, bis die gewünschte Uhrzeit über dem gewünschten Datum steht. Und schon zeigt der (transparente) Kartenausschnitt den aktuellen Sternenhimmel. Die anderen Sterne befinden sich unterhalb des Horizonts und bleiben unsichtbar. Die Markierungen für Nord, Ost, Süd und West helfen uns bei der Zuordnung des Himmelsabschnitts zum tatsächlichen Nachthimmel.

Die Karte richtig halten

Halten wir nun die gesamte Sternkarte wie einen Spiegel vor uns, so können wir die Sterne und Sternbilder des Kartenausschnitts mit dem Nachthimmel vergleichen. Besonders einfach ist es, wenn wir die gesamte Sternkarte jeweils so drehen, dass unsere Blickrichtung zum Himmel immer mit dem unteren Rand der gedrehten Karte übereinstimmt: Wenn Sie nach Süden schauen, müssen Sie die Sternkarte insgesamt so halten, dass sich der Südhorizont unten befindet und Sie den Schriftzug „Süd" bequem lesen können; beim Blick nach Nordosten muss der NO-Horizont nach unten ausgerichtet sein.

Sternbilder finden

Nun suchen Sie im aktuellen Kartenausschnitt ein markantes Sternbild, vielleicht eines, das Sie bereits am Himmel erkennen konnten. Haben Sie dieses dann auf der Karte und am Himmel sicher gefunden, können Sie von dort aus die nächstgelegenen Sternbilder leicht ausmachen. So wird es Ihnen rasch gelingen, alle zu diesem Zeitpunkt sichtbaren Sternbilder zu erkennen. Immerhin sind von den 88 weltweit festgelegten Sternbildern 59 von Deutschland aus im Verlauf der Jahreszeiten ganz oder zumindest teilweise zu sehen.

PraxisTipp

→ Planeten finden

Drehbare Sternkarten von KOSMOS können mit ihrem „Planetenzeiger" (Abb. unten) auch die Planetenpositionen anzeigen. Hierzu sind Positionstabellen beigefügt. Da sich Planeten zudem immer in der Nähe der Ekliptik aufhalten, lässt sich so der Ort eines Planeten auf der Karte schnell erkennen.

▼ Schritt 1: Uhrzeit und Datum zur Deckung bringen.

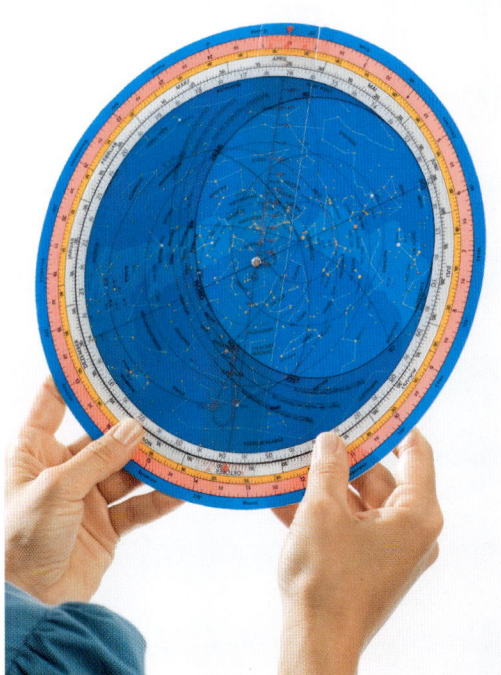

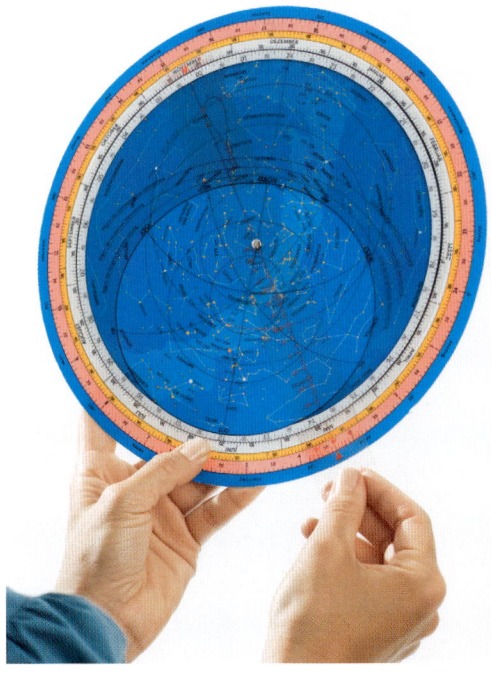

▼ Je nach Blickrichtung am Himmel drehen Sie die gesamte Scheibe (links: Osten, rechts: Süden).

Die drehbare Sternkarte 25

Die Sterne ganz nah

Sicherlich ist ein Teleskop nicht nur Arbeitsmittel, sondern auch Symbol der praktischen Beschäftigung mit der Astronomie. Eine drehbare Sternkarte und ein kleines Fernglas begleiten die ersten Schritte unter dem Sternenzelt.

Auf einen Blick

→ *Vorteile eines Fernglases*
Es ist handlich, muss nicht erst „aufgebaut" werden und das Bild steht nicht auf dem Kopf wie beim Teleskop.

→ *Vorteile eines Fernrohrs*
Das Fernrohr kann viel stärker vergrößern, ist stabil auf einem Stativ montiert und sieht professioneller aus.

→ *Der Durchmesser macht's*
Je größer die Linsen oder der Teleskopspiegel, desto heller und detailreicher werden die Himmelsobjekte aussehen.

→ *Das Budget nicht vergessen*
Ob Fernglas oder Fernrohr: Entscheiden Sie erst, wie viel Geld Sie investieren wollen und schauen sich dann nach einem Gerät um.

Ein größeres Fernglas?

Das Fernglas ist gleich aus mehreren Gründen für die astronomische Beobachtung besonders geeignet. Zum einen ist es im Vergleich zum Teleskop natürlich sehr kompakt, leicht und damit gut transportabel. Damit eignet sich das Fernglas für einen raschen Blick zum Himmel vor der Haustür. Zweitens fallen dank beidäugiger Beobachtungsmöglichkeit und eines aufgerichteten Blicks – im Gegensatz zum umdrehenden Fernrohr – dem Einsteiger die Orientierung und das Erfassen der Himmelsobjekte leichter. Die Kombination von geringer Vergrößerung und einem weiten, hellen Gesichtsfeld schätzen selbst fortgeschrittene Himmelsbeobachter. Damit werden vor allem großflächige Himmelsregionen und ausgedehnte Beobachtungsobjekte in ihrem Umfeld beobachtbar.

▼ *Gleicher Durchmesser, unterschiedliche Länge. Ein Teleskop vergrößert stärker als das Fernglas.*

▶ *Je nach Blickfeld und Vergrößerung sehen wir das Objekt klein und mit Umgebung oder groß und detailliert.*

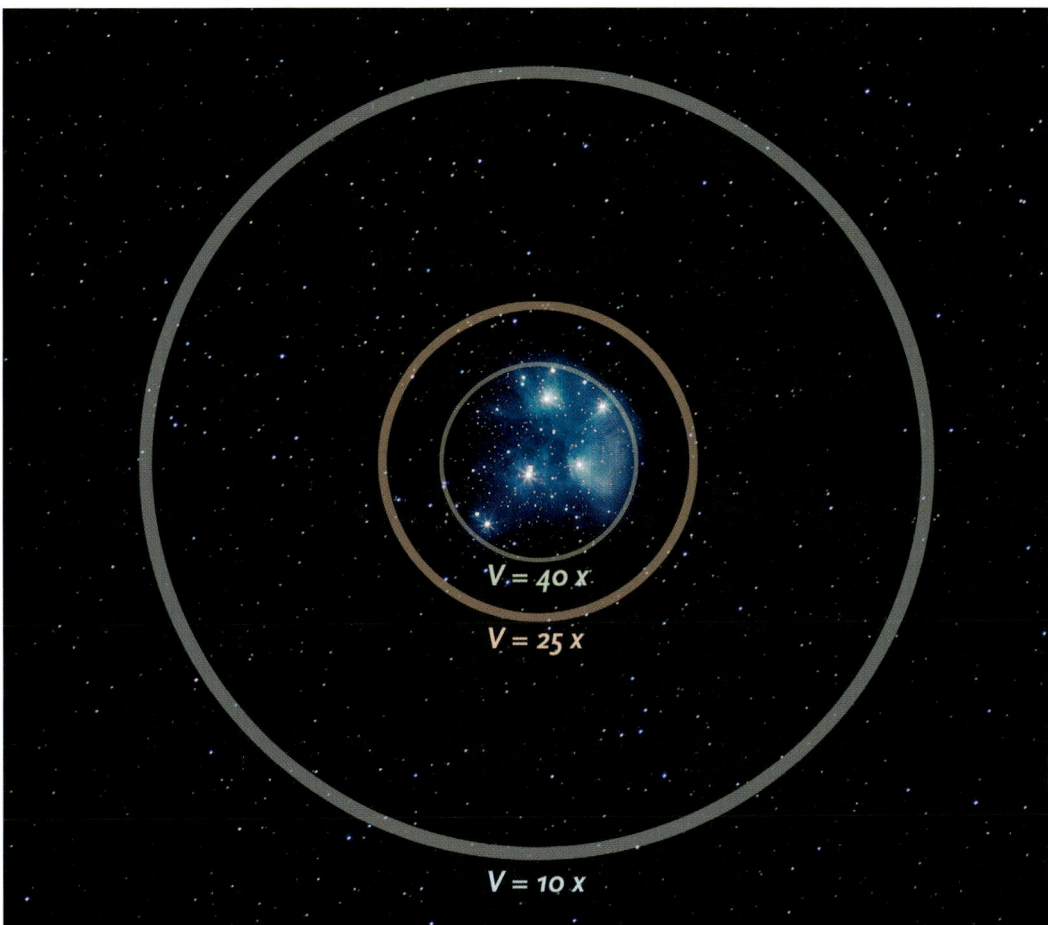

Oder doch ein Fernrohr?

Bei größeren Fernglasöffnungen von 80 Millimetern oder gar mehr werden die Übergänge und Vorteile dann allerdings fließend. Zu vergleichbaren Preisen gibt es bereits kompakte Linsenteleskope von 80 bis 100 mm Öffnung. Allerdings erfordert ein astronomisches Teleskop mehr Vorbereitungen und etwas Erfahrung beim Aufstellen und bei der Bedienung. Welches Fernglas ist nun aber die richtige Wahl, wenn es um astronomische Beobachtungen geht?

Das richtige Fernglas

Auf jedem Fernglas sind der Linsendurchmesser und die Vergrößerung angegeben. Ein 7 × 50-Fernglas hat zum Beispiel Linsen mit 50 mm Durchmesser und siebenfache Vergrößerung; ein 15 × 80-Fernglas dagegen 80 mm Durchmesser und 15-fache Vergrößerung. Handelsübliche Gläser besitzen Durchmesser von 25 bis 50 Millimetern. Dies ist für erste Beobachtungen gerade noch ausreichend, für ausgesprochene Nachtbeobachtungen sollte es etwas mehr Öffnung sein. Man spricht dann von Nacht- oder Astrogläsern. Sehr wichtig ist zudem die angebotene Bildvergrößerung. Geringe Vergrößerungen um 7-fach bieten ein helles Bild, sind einfach zu handhaben, zeigen aber nicht allzu viele Details. Vergrößerungen von 10- bis 12-fach sind ausgesprochen günstig. Werte über 15-fach sind nicht empfehlenswert, da jede Zitterbewegung der Hand ebenfalls mitvergrößert wird. Wir können dann das Fernglas nicht mehr ruhig genug halten, um die störende Bewegungsunschärfe des Bildes zu vermeiden.

Die optimale Wahl: kleinere Astrogläser

Ab einer Öffnung von 60 Millimetern können wir dem Glas eine besondere Nachthimmeltauglichkeit bescheinigen. Ferngläser mit 60 oder 70 Millimetern werden oft preiswert aus fernöstlicher Fertigung angeboten. Diese können sehr gut geeignet sein, leiden mitunter aber in der Abbildungsleistung unter einer deutlichen Qualitätsstreuung. Gläser von 80 bis 100 Millimetern Öffnung zeigen noch mehr Sterne und Himmelsobjekte, sind aber oft schon so schwer, dass sie ohne Stativ kaum nutzbar sind. Ferngläser für die Astronomie finden Sie bei allen einschlägigen Astronomiehändlern.

Ins WEB geklickt

→ *Diskussionen über Teleskope*

Lesen Sie einmal die Beiträge im Forum „Astro-Equipment für Einsteiger" unter *www.astronomie.de*. Sie werden überrascht sein, wie viele Menschen sich mit den gleichen Fragen wie Sie beschäftigen – und dort viele Antworten aus der Praxis finden.

▼ *Die drei klassischen Amateurteleskope (von links nach rechts): das Linsenteleskop, hier auf azimutaler Montierung, ein Spiegelteleskop auf parallaktischer Montierung und das preiswerte Dobson-Spiegelteleskop mit seiner einfachen, aber praktischen Holzkastenmontierung.*

Welches Teleskop ist empfehlenswert?

Linsenteleskope werden mit Öffnungen ab 50 Millimetern angeboten. Für einen Einstieg sind heute aber 80 bis 100 Millimeter Linsendurchmesser zu bevorzugen. Hier erzeugt eine Sammellinse das helle Bild des Himmelsobjektes am hinteren Ende des Fernrohres. Bei Spiegelteleskopen erzeugen Hohlspiegel das zu betrachtende Bild neben (Bauart „Newton") oder hinter dem Teleskop (Bauart

▶ Fortgeschrittene Amateurastronomen besitzen zuweilen große Teleskope und eine eigene Sternwarte.

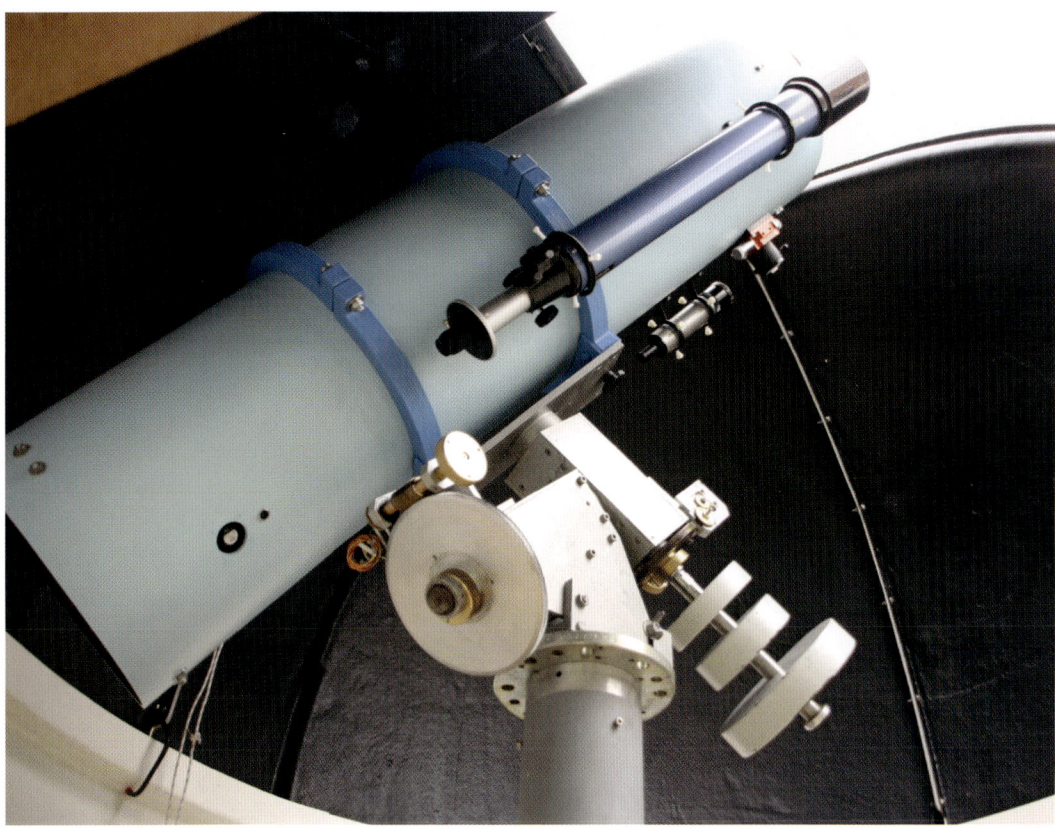

„Maksutov" oder „Cassegrain"). Spiegelteleskope unter 100 Millimetern sind aufgrund ihres inneren Aufbaus nicht empfehlenswert.

Spiegel sind oft preiswerter

Da Spiegeloptiken preiswerter als Linsen herzustellen sind, erhalten Sie hier für den gleichen Kaufpreis sogar Öffnungen von 114 oder gar 150 Millimetern. Mehr Öffnung bedeutet mehr Licht und Bildschärfe und damit eine bessere Erkennbarkeit der Himmelsobjekte. Gute Einsteigergeräte beider Arten sind zu Preisen von 100 bis 300 Euro erhältlich. Billiggeräte für deutlich unter 100 Euro sind oft enttäuschend.

Wie leistungsfähig ist ein Einsteigergerät?

Bereits ein kleines Teleskop mit 60 oder 80 Millimeter Öffnung und etwas zusätzlicher Ausstattung zeigt die Sonnenflecken, zahllose Oberflächendetails auf dem Mond, die Sicheln von Merkur und Venus, erste Details auf dem Nachbarplaneten Mars, die Jupiterwolken und das Wechselspiel seiner Monde, den Ring des Saturn und seinen Mond Titan, mindestens 200 helle Gasnebel, Sternhaufen und Galaxien sowie zahllose interessante Doppelsterne. Das ist ausreichend für Jahre faszinierender Beobachtungen!

So finden Sie „Ihr" Fernrohr

Einsteiger und Gelegenheitsbeobachter sind mit einem Allround-Teleskop gut beraten, mit dem man sowohl Mond und Planeten als auch einige Sternhaufen und Nebel sehen kann. Hier sind justierstabile Maksutov-Teleskope und Linsenfernrohre die richtige Wahl. Wer zum Beobachten den schöneren Himmel außerhalb der Stadt bevorzugt und mit Bus oder Auto mobil ist, wird ein kompaktes und leichtes Gerät bevorzugen.

Will man sich mehr den Sternhaufen, schwachen Gasnebeln oder gar fernen Galaxien widmen, dann sollte man ein Teleskop mit möglichst großem Durchmesser wählen. Das beste Preisleistungsverhältnis weisen hier die Newton-Spiegelteleskope in Dobson-Bauweise auf. Der glückliche Besitzer eines Vorstadtgartens kann seinem Teleskop unter Umständen sogar eine stabile Betonsäule zur permanenten Aufstellung gönnen und wird dann ein Gerät mit Nachführmontierung wählen.

Tipp vom Sternfreund

→ *Fünf Tipps für den Fernrohrkauf:*

- Wackelt das Teleskop nicht bei einer Berührung?
- Ist das Fernrohr leicht zu transportieren?
- Bietet das Zubehör mindestens zwei bis drei unterschiedliche Vergrößerungen?
- Bietet der Händler weiteres Zubehör an?
- Lässt sich das Bild ausreichend scharf stellen?

Falls die Kriterien nicht vor Ort getestet werden können, unbedingt eine Rückgabeoption bestätigen lassen.

Ein Teleskop soll es sein!

Hier zählen Fakten: Es gibt Fernrohre für Einsteiger und für Cracks. Mit Blick auf die bevorstehende Kaufentscheidung wollen wir uns einmal die Stärken und Schwächen der verschiedenen Teleskoparten anschauen.

Auf einen Blick

→ *Einfache Linsenteleskope*
Werden als „Fraunhofer" oder „Achromat" angeboten und müssen eine möglichst lange Brennweite haben, um ein akzeptables Bild zu liefern.

→ *Teure Linsenteleskope*
Apochromate (Apo-) oder ED-Linsenteleskope bieten ein farbreines Bild, sind aber teurer.

→ *Newton-Spiegelteleskope*
Das einfachste und beliebteste Amateurteleskop. Es ist auch in sehr preiswerter Dobson-Bauform zu haben.

→ *Mak- und SC-Spiegelteleskope*
Sehr kompakt, Einsteiger sollten aber Geräte unter 100 Millimeter eher meiden.

Der Refraktor – ein robustes Arbeitspferd

Bei sehr billigen Linsenteleskopen kann das Objektiv aus einer Einzellinse bestehen, die kein ausreichend scharfes Bild erzeugt. Meist besitzen die Geräte aber eine zweilinsige Optik („Fraunhofer/FH" oder „Achromat"), die einen geringen Abbildungsfehler aufweist, der durch blaue oder rote Farbsäume an den Himmelsobjekten erkennbar ist. Je länger die Brennweite im Verhältnis zum Linsendurchmesser ist, desto schärfer bildet das Teleskop ab. Wird beispielsweise ein Linsenteleskop von 100 Millimetern Öffnung mit Brennweiten von 500 oder 1000 Millimetern angeboten, so bildet das Teleskop mit 1000 Millimetern deutlich schärfer ab – dies gilt vor allem bei der Beobachtung von Mond und Planeten.

Fraunhofer oder Apo?

Der restliche Farbfehler lässt sich durch die Verwendung einer dritten Linse oder eines teuren Spezialglases weiter verringern. Derartige Objektive werden als apochromatisch (farbfehlerfrei) oder als ED-Teleskop bezeichnet. Diese hochwertigen Linsenteleskope kosten leicht das Mehrfache gleichgroßer FH-Refraktoren, sind aber aufgrund ihrer fast fehlerfreien Abbildung bei anspruchsvollen, finanzkräftigen Sternfreuden sehr beliebt. Für den Einsteiger sind sie sicherlich kein Muss.

Der Newton – preiswerte Leistung

Die beliebteste Bauform ist das Spiegelteleskop nach Newton. Hierbei werden die von einem Hauptspiegel reflektierten Strahlen kurz vor Erreichen des Brennpunktes mit einem gekippten Fangspiegel seitlich aus dem Tubus gelenkt. Der Beobachter blickt somit am oberen Tubusende seitlich in das Fernrohr hinein. Dies mag etwas ungewöhnlich wirken, hat aber keine Nachteile. Das Bild

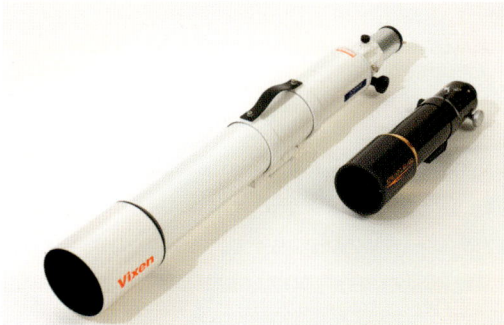

◄ *Linsenteleskope gibt es lang oder kompakt, mit einfacher oder mit Präzisionsoptik.*

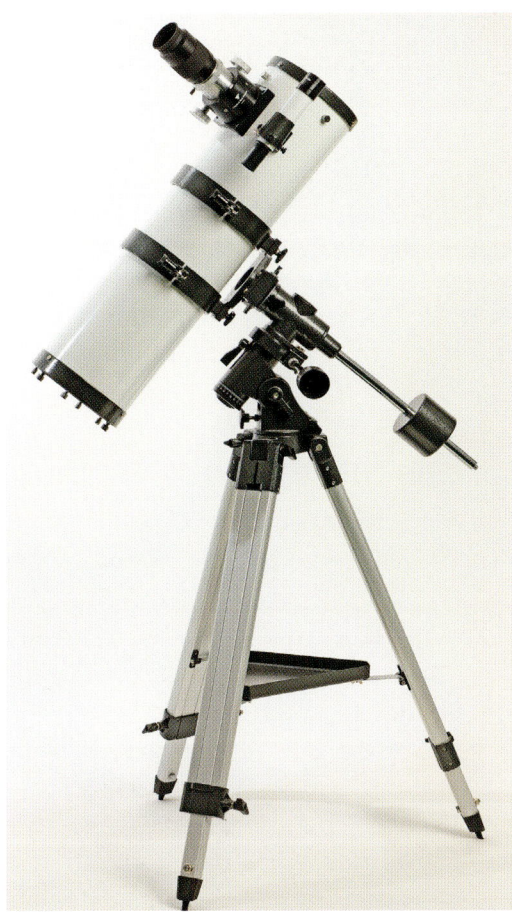

▲ *Spiegelteleskope in unterschiedlichen Bauformen: Viel Öffnung fürs Geld bietet der klassische Newton-Spiegel (links), Maksutov-Systeme sind zumeist klein und transportabel (Mitte), Schmidt-Cassegrain-Spiegel vereinen Kompaktheit und große Öffnung (rechts).*

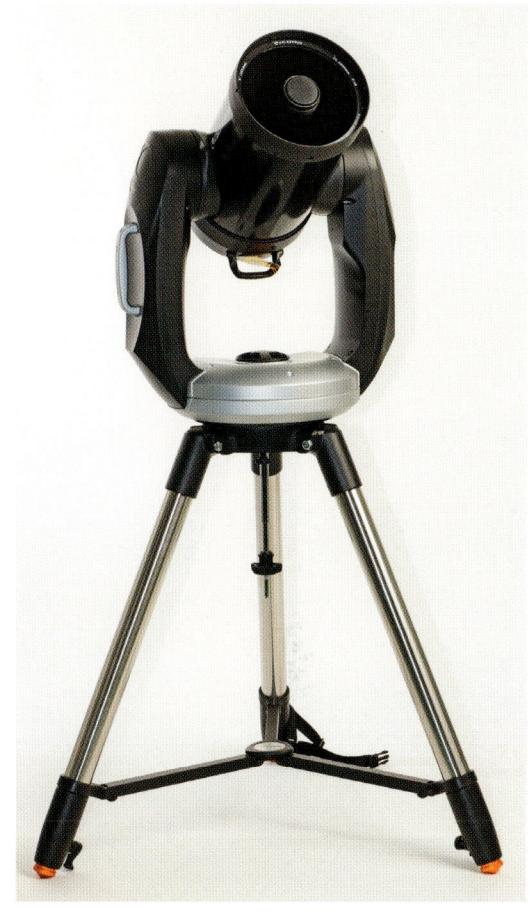

eines Spiegels ist absolut farbrein – ein echter Vorteil. Newton-Teleskope bieten in der Regel pro bezahltem Euro die meiste Öffnung und damit die leistungsfähigste Optik. Sie werden entweder klassisch montiert angeboten oder aber in einem sehr preiswerten, drehbaren Holzkasten – nach ihrem Erfinder kurz „Dobson" genannt.

Echt Kompakt: Mak und SC

Eine weitere Bauform des Spiegelteleskops hat den Hauptspiegel im Zentrum durchbohrt. Der Fangspiegel wirft hier das gebündelte Licht Richtung Hauptspiegel zurück, wo es durch dessen Bohrung hindurch tritt und in die Bildebene mündet. Die Einblickposition ist wie beim Linsenteleskop hinten. Da hier die Brennweite einmal gefaltet durch den Tubus hin- und wieder zurückläuft, sind diese Teleskope deutlich kompakter als andere Teleskope mit gleicher Brennweite. Je nach etwas unterschiedlicher optischer Konstruktion werden sie als „Maksutov"- oder „Schmidt-Cassegrain"-Teleskop bezeichnet. Sehr kleine Geräte unter 100 Millimetern Öffnung leiden unter ihren verhältnismäßig großen Fangspiegeln. Geräte mit 100 bis 150 Millimeter Spiegeldurchmesser sind für Einsteiger durchaus interessant.

Tipp vom Sternfreund

→ *Wo kaufen?*

In Deutschland gibt es rund zwei Dutzend größere Teleskopanbieter. Informationen hierzu finden Sie in den einschlägigen Fachzeitschriften, in den Internetforen oder direkt auf den Webseiten der Händler (siehe Seite 123). Bei Online-Auktionshäusern im Internet sollte der unerfahrene Käufer Vorsicht walten lassen. Hier werden oft mangelhafte Geräte angeboten. Wenn es Ihnen möglich ist, schauen Sie sich bei einem Händler in Ihrer Nähe persönlich um.

Ein Teleskop soll es sein!

Die bessere Hälfte des Teleskops

Kaum ist das Fernrohr ausgesucht und ausprobiert, kommt der Wunsch nach mehr Extras auf: Okulare, Filter, Barlow-Linsen oder Reducer – was ist das richtige Zubehör? Wir zeigen Ihnen, was der Hobby-Astronom so in seinem Koffer hat.

Auf einen Blick

→ *Die Vergrößerung*
Je nach Okular erhält man eine andere Vergrößerung; ihr Wert ist kein Qualitätsmerkmal für das Teleskop.

→ *Sinnvolle Okulare*
Plössl-Okulare bieten eine gute Qualität und ein ausreichendes Bildfeld. Weitwinkelokulare steigern das Beobachtungsvergnügen.

→ *Weitere Zusatzoptiken*
Eine gute Barlow-Linse, die die Fernrohrbrennweite verdoppelt, ist ein sinnvolles Zubehör.

→ *Filterausstattung*
Wer in Stadtnähe wohnt, kann mit einem Nebel- oder UHC-Filter störendes Streulicht verringern.

Schlecht: einfaches Okular vom Typ Huygens

Beliebt: das fehlerkorrigierte Plössl-Okular.

▲ *Farb- und Funktionsfilter verbessern die Bilderkennbarkeit.*

Wichtige Okulardaten

Unabhängig von der Bauform bestimmt die Brennweite des Okulars die erzielbare Vergrößerung. Ebenfalls wichtig ist der Blickwinkel in Grad. Einfache Okulare bieten einen Blickwinkel von rund 25 bis 40 Grad, während moderne Weitwinkelokulare auf Gesichtsfelder von bis zu 100 Grad kommen.

Welche Okulare auswählen?

Bei gleicher Vergrößerung kann man damit einen entsprechend größeren Himmelsausschnitt überblicken. Zweilinsige Okulare (z. B. Huygens) bieten ein enges, schlecht korrigiertes Bildfeld. Dreilinsige Okulare (z. B. Kellner) haben bereits eine Farbfehlerkorrektur und ein Gesichtsfeld von 40 bis 50 Grad. Oft verwendet werden vierlinsige Plössl-Okulare mit einer guten Abbildungsleistung und einem Feld bis zu 55 Grad. Spezialokulare mit mehr Linsen bieten noch größere Gesichtsfelder.

Barlow & Co

Neben den Okularen gibt es Zusatzlinsen, die, vor das Okular gesetzt, die Abbildung des Teleskops beeinflussen. Sinnvoll sind die Barlow-Linsen. Sie verlängern scheinbar die Brennweite des Teleskops, sodass mit dem gleichen Okular eine höhere Vergrößerung erzielt wird. Das Gegenteil davon bewirken die seltener gebrauchten Shapley-Linsen (auch „Reducer" genannt), die die Brennweite des Teleskops verringern. Dadurch werden eine niedrigere Vergrößerung und ein größeres Bildfeld erzielt.

Filter für alle Fälle

Hier müssen Sie Farbfilter und Funktionsfilter unterscheiden. Erstere bestehen aus eingefärbtem Glas oder Beschichtungen, die das Bild rot, grün oder blau erscheinen lassen und dadurch bestimmte Objektdetails hervorheben. Funktionale Filter sorgen als Nebel- oder UHC-Filter beispielsweise für ein kontrastreicheres Bild im Teleskop, indem sie das störende Licht der Straßenlampen gezielt unterdrücken. Andere Filter unterdrücken den Restfarbfehler einer Linsenoptik und sorgen so für eine schärfere Abbildung.

◄ *Ob groß oder klein: das Okular muss zum Teleskop passen.*

▶ *Reducer (links) und Barlowlinse (rechts) verändern die Teleskopbrennweite.*

PraxisTipp

→ Die richtige Vergrößerung

Die Brennweite des Fernrohrs geteilt durch die Brennweite des Okulars ergibt die Vergrößerung. Ein Teleskop mit 1000 mm Brennweite erzielt mit einem 10-mm-Okular eine 100-fache Vergrößerung. Die kleinste sinnvolle Vergrößerung beträgt den Durchmesser des Objektivs geteilt durch sieben (z. B. bei 100 mm Durchmesser dann 14-fach). Die größte sinnvolle Vergrößerung entspricht dem zweifachen Objektivdurchmesser (hier: 2 × 100 = 200-fach). Mindestausstattung: zwei Okulare und eine Barlow-Linse – also vier Vergrößerungsstufen.

Die bessere Hälfte des Teleskops

Auspacken und Sterne sehen

Teleskop gekauft, was nun? Zuerst natürlich die vielen Teile richtig zusammenbauen. Für den Aufbau helfen Ihnen folgende Schritt-für-Schritt-Anleitungen für die zwei typischen Fälle eines azimutal und parallaktisch montierten Fernrohrs.

Nachdem Sie kontrolliert haben, ob auch alles vollständig und unbeschädigt geliefert wurde, erfolgt das Aufstellen eines azimutalen Teleskops in drei Schritten. Das gesamte Fernrohr besteht im Wesentlichen aus den Bauteilen Stativ (Dreibein), der Montierung (Mechanik zwischen Stativ und Teleskop) sowie dem Teleskop selbst.

1. Stativ und Montierung
Zunächst werden die drei Stativbeine am Unterteil der Montierung befestigt. Dann folgt zumeist eine kleine dreieckige Mittenablage zwischen den Stativbeinen. Alle Schrauben sollten fest angezogen werden, sonst wackelt es später.

2. Teleskop-Tubus und Höhen-Feinbewegung
Anschließend wird das Teleskop auf die Montierung gesetzt und mit den Schrauben locker festgeschraubt, sodass es sich nicht von selbst bewegt. Falls vorhanden, folgt dann die zwischen Tubus und Montierung anzubringende Feinbewegung.

3. Anbauteile
Nun können die noch fehlenden Anbauteile wie Sucherfernrohr oder Zenitspiegel angebracht werden. Bei Teleskopen ohne elektrischen Antrieb sollten die Klemmschrauben der Achsen so angezogen werden, dass sich das Teleskop ruckfrei bewegen lässt. Falls das Teleskop eine Computersteuerung hat, wird diese zum Schluss angebracht.

Ein parallaktisch montiertes Teleskop wird in vier Schritten aufgebaut:

1. Stativ
Als Erstes stecken Sie die Stativbeine in das Verbindungsstück von Stativ und Montierung und bringen die Mittenablage an. Die Stativbeine können bereits ausgezogen werden, da Sie dann in angenehmer Höhe arbeiten können. Alle Schrauben werden fest angezogen.

2. Montierung
Nun wird die Montierung auf das Stativ gesetzt und mit der Verbindungsschraube fest geschraubt. Anschließend werden die beiden Achsen wie im Bild gezeigt verdreht und mit ihren Klemmen festge-

Tipp vom Sternfreund
→ First Light
Wenn zum ersten Mal Sternenlicht in ein neues Teleskop fällt, findet das „First Light" („Erstes Licht") mit einem kleinen Umtrunk statt. Eine nette Tradition, über die sich auch Ihr Fernrohr freut.

stellt. Nun wird die Polhöhe des Beobachtungsortes (Polhöhe = geografische Breite, für Deutschland ca. 50 Grad) eingestellt und fixiert.

3. Gegengewicht und Antriebe
Im dritten Schritt erhalten die manuellen Nachführeinrichtungen ihre Handknäufe oder es werden die mitgelieferte Motoren befestigt. Die Gegengewichtsstange wird in die Montierung geschraubt und das Gewicht darauf befestigt. Das Gegengewicht am Ende der Deklinationsachse hält das Teleskop im Gleichgewicht und wird daher vor dem Tubus angebracht.

4. Teleskop-Tubus
Jetzt wird das Fernrohr angebracht. Entweder durch eine am Teleskop vorhandene Schiene, die genau in die Nut der Montierung passt, oder durch zwei große Rohrschellen, die den Tubus komplett umfassen. Es folgen die Anbauteile wie Sucher oder Zenitspiegel. Ist alles montiert, so werden die Klemmungen der

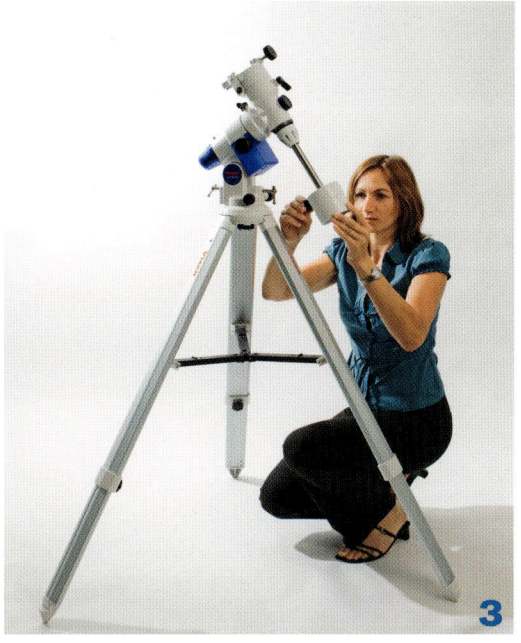

Montierung leicht gelockert und durch leichtes Verschieben des Gegengewichtes und des Tubus in seinen Halteringen die Stellungen gesucht, in der bei gelösten Achsen alles in der Waage bleibt.

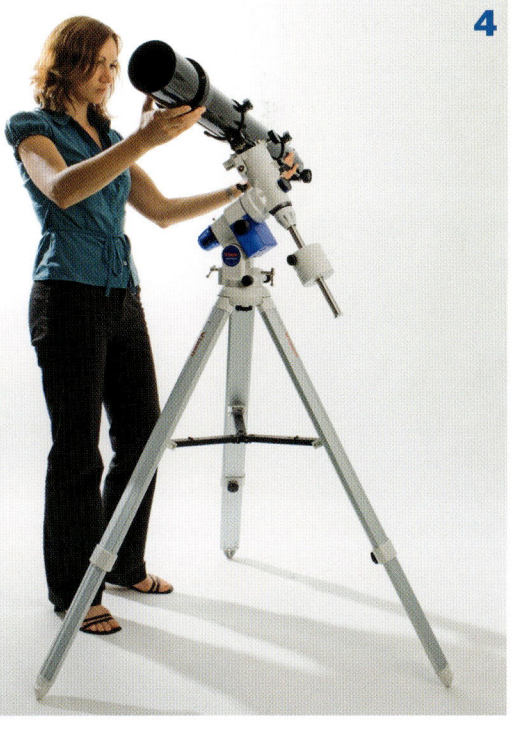

Auspacken und Sterne sehen

Mit den Sternen gleiten

Die „parallaktische Montierung" ist eine geniale Sache, aber man muss sie möglichst genau aufstellen. Wenn sie richtig „eingenordet" ist, funktioniert die Montierung optimal. Mit ein wenig Übung ist dies aber rasch erledigt.

Auf einen Blick

→ *Ganz einfach*
Ein grobes Ausrichten wird erreicht, indem man die Montierung durch Peilen auf den Polarstern nach Norden ausrichtet.

→ *Ganz genau*
Genauer geht es mit einem Sucherfernrohr in der Stundenachse, wie es etwas bessere Montierungen bieten.

→ *Ganz automatisch*
Computergesteuerte Goto-Teleskope benötigen keine exakte Polausrichtung, sondern orientieren sich an Referenzsternen.

→ *Ganz schön aufwendig*
Die „Scheiner-Methode" (Kasten rechte Seite) ist von allen Methoden die genaueste, braucht aber ihre Zeit. Sie eignet sich für dauerhaft fest aufgestellte Fernrohre.

Die Grundvoraussetzung für die korrekte Funktion einer parallaktischen Montierung ist deren exakte Ausrichtung nach Norden. Um dies zu erreichen, kann man je nach Bedarf an die Genauigkeit unterschiedlich vorgehen.

▶ *Für die visuelle Beobachtung genügt es, die Montierung grob nach Norden auszurichten.*

Nur mal kurz beobachten ...

Wer nur eine kurze, visuelle Beobachtung einiger Himmelsobjekte beabsichtigt, wird seine in Polhöhe gut eingestellte Montierung auf einem gerade stehenden Stativ nur per Augenmaß nach Norden ausrichten und damit für kurze Objektbetrachtungen eine ausreichende Nachführqualität erreichen. Hierzu peilen Sie einfach entlang der Stundenachse der Montierung und drehen die gesamte Montierung so, dass die Polachse zum Polarstern weist.

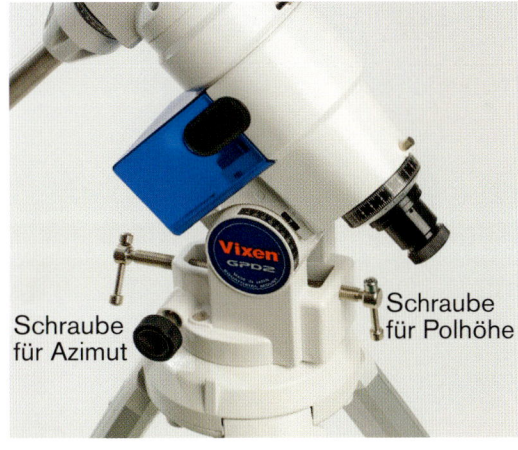

▲ *Azimut- und Polhöheneinstellung werden mit Schrauben fixiert.*

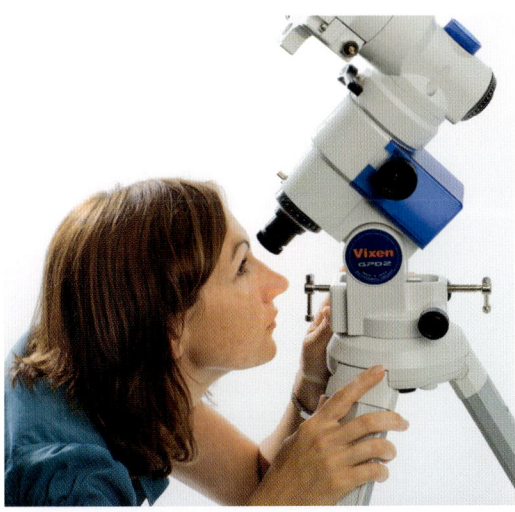

▼ *Ein Polsucherfernrohr erleichtert die exakte Ausrichtung auf den Polarstern.*

Anblick im Polsucher

PraxisTipp

→ *So richten die Profis aus*

Eine sehr genaue Ausrichtmethode ist – vor allem für fest aufgestellte Teleskope – das „Scheinern". Es gliedert sich in 3 Schritte:

1. Grobausrichtung
Das Teleskop wird in Deklination auf +90° eingestellt und horizontal sowie in Polhöhe grob auf den Polarstern ausgerichtet.

2. Azimutkontrolle
Bei hoher Vergrößerung wird mit laufendem Motor ein Stern im Süden verfolgt. Die Fernrohrmontierung wird dabei in Azimut so gedreht, dass der Stern weder nach oben noch nach unten hinauswandert.

3. Polhöhenkontrolle
Läuft ein Stern am östlichen Horizont im Bildfeld nach oben, so zeigt die Polachse über den Himmelspol und muss etwas abgesenkt werden. Ein Stern im Westen verhält sich umgekehrt.

Ich will's aber genauer

Für höhere Ansprüche, etwa Beobachtung bei starker Vergrößerung, oder für erste Fotos von hellen Himmelsobjekten, ist eine bessere Ausrichtung erforderlich. Entsprechend ausgestattete Montierungen verfügen über ein Polsucherfernrohr, das beim Durchblick die genaue Lage des Himmelspols in Bezug zum benachbarten Polarstern zeigt. Da die Bauart je nach Hersteller abweicht, hilft der Blick in das Teleskophandbuch.

Mein Freund der Computer

Moderne, computergestützte „Goto"-Systeme werden einfach nach Norden in eine Startposition ausgerichtet, bevor sie über einige Referenzsterne – teilweise sogar mit GPS-Unterstützung – das Teleskop nachführbereit machen. Hierbei müssen Sie einfach den Anweisungen auf dem Display der Handkonsole folgen.

▼ *Fleißiger Helfer: die automatische Steuerung*

Mit den Sternen gleiten

Streicheleinheiten für die Optik

Der TÜV für mein Teleskop: Justage und Pflege sind unerlässlich, wenn Sie wirklich die volle Leistung von Ihrer Optik erwarten. Verschmutzte Glasflächen, dejustierte Optiken, all dies kann den Beobachtungsspaß massiv trüben.

Auf einen Blick

→ *Bei einem Spiegelteleskop …*
… muss der Justierlaserstrahl wieder in sich selbst zurückreflektiert werden.

→ *Bei einem Linsenteleskop …*
… darf das Cheshire-Okular keine zwei Lichtreflexe zeigen.

→ *Putzen erlaubt?*
Spiegel können ausgebaut und gebadet werden, Linsen reinigen Sie am besten mit einem weichen Lappen.

→ *Zum Aufbewahren …*
sollten Sie Ihr Teleskop erst wegräumen, wenn der Tau abgetrocknet ist.

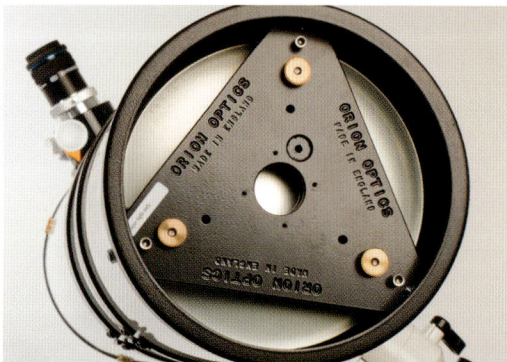

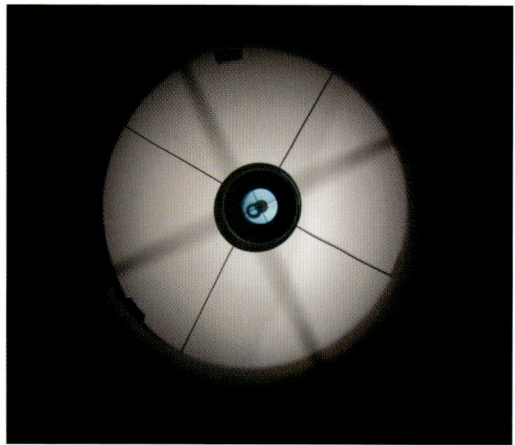

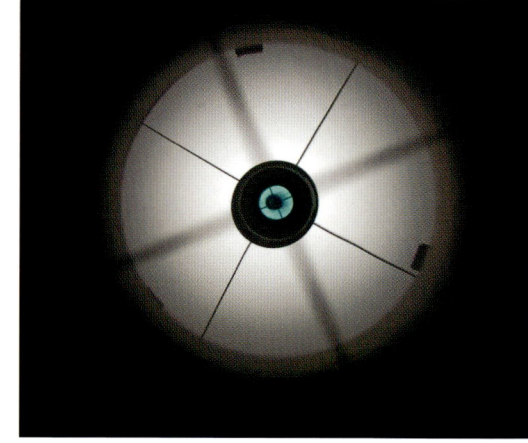

Newton-Teleskope justieren

Zunächst wird der Fang-, danach der Hauptspiegel eingestellt. Beim Fangspiegel blicken Sie durch das Cheshire-Okular im Okularauszug und stellen das sichtbare Bild des Hauptspiegels mittig auf dem Fangspiegel ein. Danach muss der Hauptspiegels so justiert werden, dass das Bild der Fangspiegelzelle mittig auf dem Bild das Hauptspiegels zu liegen kommt. Ein Justierlaser wird nun in sich selbst zurückreflektiert.

◂ *Die Newton-Justage. Oben: Einstellschrauben des Fangspiegels; Mitte: Einstellschrauben des Hauptspiegels; unten links: Justierlaser im Einsatz; unten Mitte: verstellte Newton-Optik; unten rechts: justierte Newton-Optik.*

▲ *Einstellschrauben einer Linsenoptik (nicht immer vorhanden)*

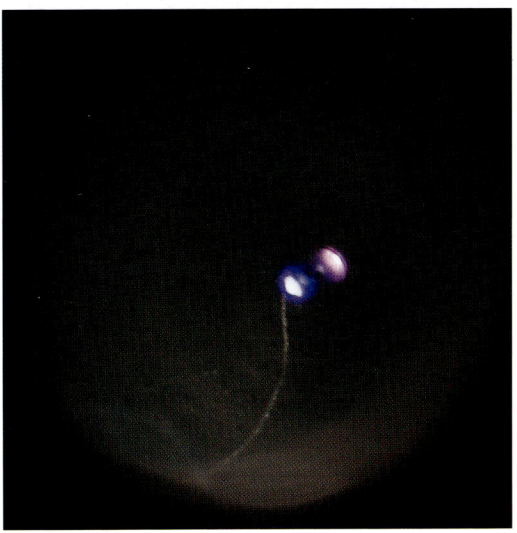
▲ *Dejustierte Optik: Die Cheshire-Reflexe sind gegeneinander verschoben*

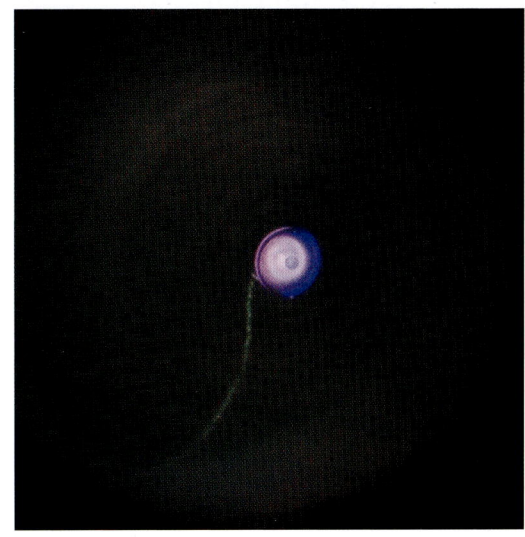
▲ *Gut zentrierte Optik: Die Reflexe liegen exakt übereinander.*

Refraktor kontrollieren

Im ersten Schritt wird ein Justierlaser im Okularauszug befestigt. Tritt der Laserstrahl mittig durch das Objektiv aus? Bitte schauen Sie dabei keinesfalls direkt in den Strahl. Beim anschließenden Blick durch das Cheshire sind auf dem Refraktorobjektiv von dessen Vorder- und Rückseite eventuell zwei Reflexe des Cheshire-Lichtkreises zu sehen, die per Justage zur Deckung gebracht werden müssen.

Optiken reinigen

Leichter Staub kann mit einem Blasebalg-Fotopinsel sanft entfernt werden. Durch antrocknenden Taubeschlag wird sich Schmutz aber auch auf der Optik festsetzen. Ein Newton-Spiegel kann in handwarmem Wasser mit einem Spritzer Spülmittel ein Bad nehmen und mit einem Wattebausch sanft gereinigt werden. Die letzten Wassertröpfchen nach dem Abspülen mit einem Küchentuch absaugen – nicht antrocknen lassen. Eine Linsenoberfläche kann mit einem sehr weichen Lappen (Optikreinigungstuch) und ein paar Tropfen reinem Alkohol (Apotheke) gereinigt werden.

Richtige Aufbewahrung

Das Teleskop sollte nach dem Beobachten stets freistehend abtrocknen können.

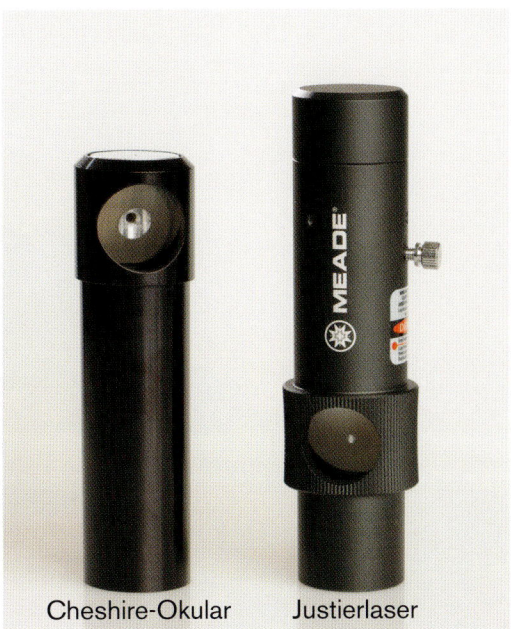
Cheshire-Okular   Justierlaser

Danach ist das Verstauen des Tubus' in einer sicheren, möglichst staubarmen Umgebung (Aluminiumkoffer, Schrank) sinnvoll. Montierung und Stativ können an einem passenden, nicht zu feuchten Ort (Rostgefahr) gelagert werden.

PraxisTipp

→ *Das richtige Justierwerkzeug*

Zur Justage eines Teleskops gibt es zwei praktische Hilfsmittel: den Justierlaser und das Cheshire-Okular (Bild links). Das Cheshire ist eine Art Peilröhre mit einem durchbohrten, unter 45° geneigten Spiegel im Inneren. Diese erzeugt beim Durchblicken das Bild eines hellen Ringes mit einer dunklen Mitte. Ebenfalls notwendig ist ein Laser mit einer einsehbaren Mattscheibe. Dort ist zu sehen, ob der Strahl wieder in sich selbst reflektiert wird.

Reiseführer zu den Sternen

Richtig starten leicht gemacht
Ein paar Praxistipps: Himmelsobjekte finden und beobachten

Ein Spiel aus Licht und Schatten
Unser Mond: eine faszinierende Landschaft

Astronomie tagsüber
Ein Blick auf die Sonne: Gluthölle mit Überraschungseffekt

Die Jagd nach den Mini-Sicheln
Venus und Merkur: Im Bann der Sonne

Ein starkes Trio spielt auf
Mars, Jupiter und Saturn: Welten von faszinierender Schönheit

Deep Space lässt grüßen
Der Blick in die Tiefe: Jenseits des Sonnensystems

Der Sternenhimmel im Jahreslauf
Ordnung am Himmel: Sternbilder, Himmels-Vielecke und Riesensterne

Starparty am Sommerhimmel
Der Sternenhimmel im Urlaub: zu Hause oder anderswo

Ein Hobby für die ganze Familie
Sterne für Kinder: Natur und Kosmos als Erlebnis

Richtig starten leicht gemacht

Das Fernrohr oder Fernglas ist aufgebaut, die Sternkarte liegt bereit. Aber wie finden und wie beobachten Sie die Himmelsobjekte am besten? Mit ein paar kleinen Tricks ist der erste Erfolg rasch da.

Auf einen Blick

→ *Okulareigenschaften*
Bei den Okularen sollte man sich über deren Vergrößerung und sichtbaren Himmelsabschnitt im Klaren sein.

→ *Dunkeladaption*
Das menschliche Auge benötigt – aus dem Hellen kommend – bis zu 30 Minuten, um sich an die dunkle Nacht zu gewöhnen.

→ *Objektsuche*
Von einem hellen Stern ausgehend, hangeln wir uns entlang markanter Sternfiguren zum Himmelsobjekt.

→ *Optimale Vergrößerung*
Mond und Planeten vertragen viel Vergrößerung. Für Gasnebel, Galaxien oder Sternhaufen kann eine geringe Vergrößerung besser sein.

Was leistet mein Okular?

Die Vergrößerung eines Teleskops können Sie bestimmen, indem Sie die Teleskopbrennweite durch die Okularbrennweite (eine Angabe in Millimetern auf dem Okular) teilen. Ein Teleskop mit 1000 Millimetern Brennweite erzielt mit einem 10-mm-Okular eine 100-fache Vergrößerung gegenüber dem freien Auge. Das reale Gesichtsfeld am Himmel erhalten Sie, indem Sie die Bildfeldangabe des Okulars – zumeist ein Wert zwischen 30 und 100 Grad – durch die soeben ermittelte Vergrößerung teilen. Ein 0,5 Grad großer Himmelsabschnitt entspricht genau dem Durchmesser der Vollmondscheibe.

Das Auge richtig eingesetzt

In die Dunkelheit hinaustretend, erkennen Sie zunächst kaum Sterne am Firmament. Noch muss sich Ihr Auge erst an die Dunkelheit anpassen. Nach einigen Minuten erkennen wir mehr und mehr Sterne. Aber erst nach rund 30 Minuten hat sich das Auge weitgehend an die Dunkelheit gewöhnt. Jetzt können Sie mit der Beobachtung beginnen. Beim Blick in das Okular des Teleskops bringen Sie das Auge mittig vor die Augenlinse des Okulars. Der Abstand sollte dabei nur einige wenige Millimeter betragen. Mit etwas Übung klappt der Einblick.

Wo finde ich mein Wunschobjekt?

Ist das gewünschte Himmelsobjekt im Himmelsatlas gefunden, so suchen Sie mit Hilfe der drehbaren Sternkarte das betreffende Sternbild am Himmel. Der dem gesuchten Objekt nächststehende, hellere Stern ist der Ausgangspunkt, den

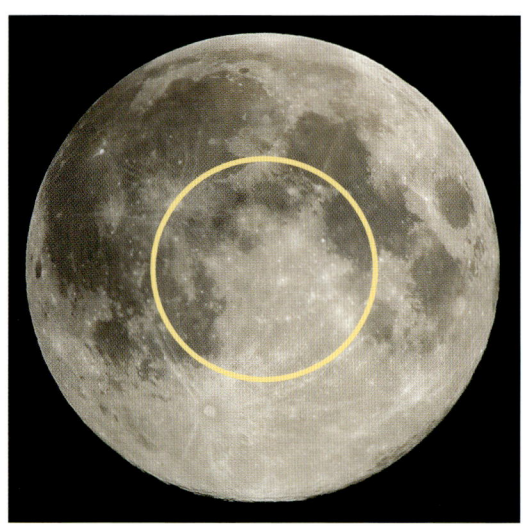

▶ *Mit geringer Vergrößerung sieht man den ganzen Mond, bei höherer Vergrößerung (gelber Kreis) nur noch einen Ausschnitt.*

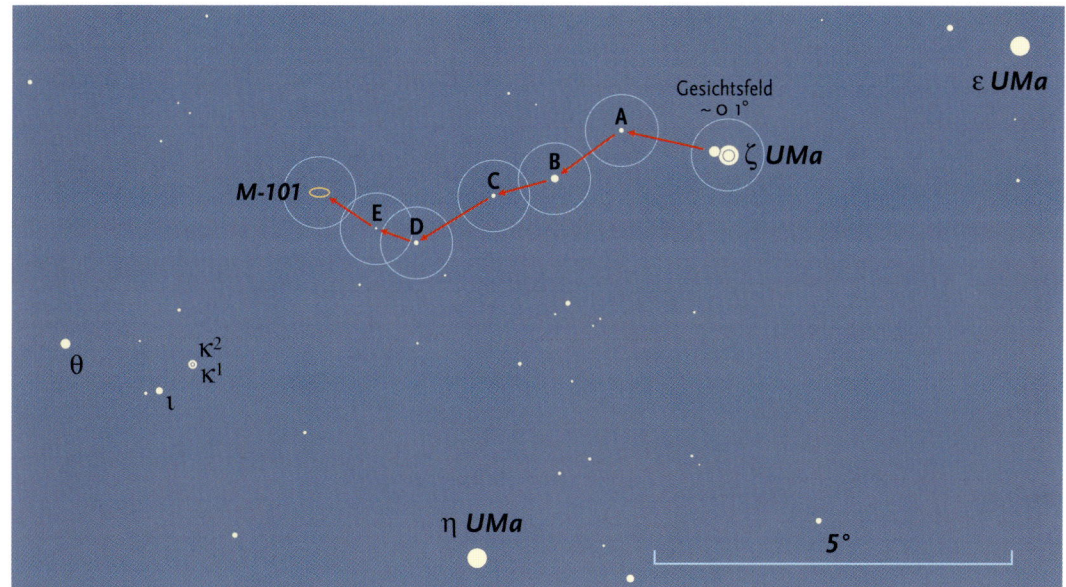

◀ Starhopping: Vom hellen Stern geht es über Zwischenstufen zur schwachen Galaxie.

Stichwort Vergrößerungen

Beim Beobachten sollten Sie immer mit der kleinstmöglichen Vergrößerung beginnen, also das Okular mit der längsten Brennweite wählen. So finden Sie im großen Bildfeld das gewünschte Objekt. Schrittweise vergrößern Sie nun das Bild so weit, wie es Objekthelligkeit oder die Luftruhe zulassen. Die Planeten und der Mond benötigen eine hohe Vergrößerung, andere Himmelsobjekte wirken bei schwächerer Vergrößerung besser, weil sie dann in ihrem Umfeld zu sehen sind und etwas heller erscheinen. Das ins Teleskop einfallende Licht des Himmelsobjekts verteilt sich in diesem Fall ja auf eine kleinere Bildfläche.

Sie nun in das Gesichtsfeld des Teleskops bringen. Von dort aus hangeln Sie sich gemäß Sternkarte Schritt für Schritt anhand markanter Sternfiguren bis hin zum gewünschten Objekt. Im US-amerikanischen Sprachraum wird dies treffend „Starhopping" (Sterne-Hüpfen) genannt. Neben dem Starhopping können Himmelsobjekte auch über die Himmelskoordinaten (eher unpraktisch) oder mit einem elektronischen Goto-System (sehr einfach) gefunden werden.

Nachgefragt

→ *Welche Himmelskoordinatensysteme gibt es?*

Der Ort eines Sterns auf der Himmelskugel kann mit zwei Kreiskoordinaten beschrieben werden. Im einfacheren System ist der eine Kreis unsere Horizontlinie (der „Azimut"). Der zweite Kreis beschreibt die Horizonthöhe des Sterns. Kippen wir dieses azimutale System parallel zur Erddrehachse, so wird aus der Azimutebene der Himmelsäquator (Abb. links). Er steht für einen Betrachter in unserer Region halbhoch am Himmel. Der Abstand eines Sterns von dieser Äquatorlinie wird als Deklination bezeichnet. Den bisherigen Azimut nennt man jetzt Rektaszension.

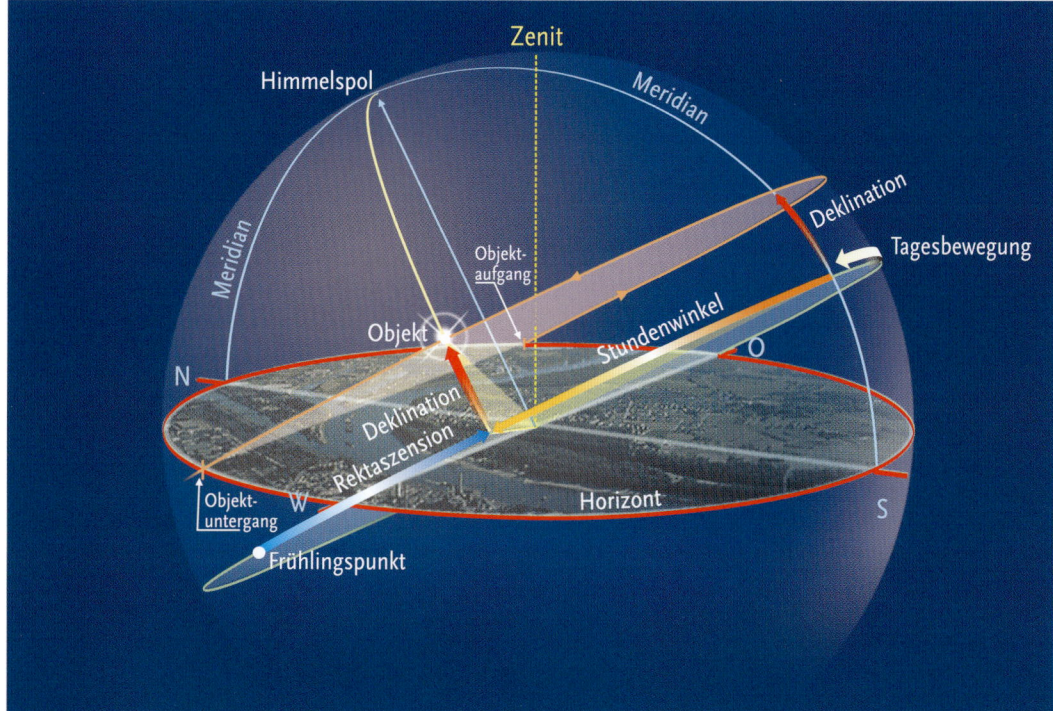

Richtig starten leicht gemacht

Kleine Expeditionsanleitung

Mit Teleskop oder Fernglas, mit Taschenlampe, drehbarer Sternkarte und Himmelsatlas sind Sie technisch gut ausgestattet. Doch welcher Beobachtungsort ist richtig und was müssen Sie sonst noch beachten?

Auf einen Blick

→ *Passende Kleidung*
Bei längerer Beobachtung ist es wichtig, dass der Körper nicht auskühlt. Eine Kanne heißer, gesüßter Tee hält warm und vertreibt die Müdigkeit.

→ *Der Blick nach Süden*
Besonders der Bereich vom Zenit bis hinunter zum Südhimmel bietet die meisten Himmelsobjekte. Der Nordhimmel unterhalb des Polarsterns ist unwichtig.

→ *Gleich zwei Störquellen*
Streulicht durch nahe und ferne Lampen sowie flimmernde Luft durch Heizungen oder aufgeheizte Flächen stören astronomische Beobachtungen. Ein Wiesengelände mit freiem Südhorizont außerhalb der Stadt ist ein empfehlenswerter Standort.

Richtig vorbereitet

Wenn wir uns – zumal in der kälteren Jahreszeit – an einen weiter entfernten Beobachtungsplatz begeben, hilft ein heißer, leicht gesüßter Tee. Das größte Augenmerk richten Sie in dieser Zeit bitte auf die Kleidung. Mehrere Lagen lockerer Kleidungsstücke erzeugen isolierende Luftpolster. Gut isolierte Schuhe stellen ebenfalls ihren Vorteil unter Beweis. Müdigkeit und Alkoholgenuss setzen die Lichtempfindlichkeit der Augen herab und sorgen für eine raschere Auskühlung des Körpers. Brillenträger sollten ihre möglichst frisch geputzte Brille auch wirklich benutzen. Stift und Notizblock helfen, besondere Beobachtungserlebnisse in Erinnerung zu halten.

▼ *Himmelskino ist kostenlos – nur die Knabbereien muss man selbst mitbringen.*

◀ *Blickrichtung Süden: freie Sicht zum Horizont.*

über Großstädten vermischen sich Straßen- und Hausbeleuchtungen, Reklame und Straßenverkehr mit dem oft vorhandenen Staub und Dunst zu einer hellen Lichtglocke, hinter der mitunter fast alle Sterne verschwinden.

Flimmernde Luft

Beim Beobachten mit dem Teleskop wird der Einfluss von Luftunruhe auf die Bildqualität oft unterschätzt. Aber nicht nur das Teleskop muss ausreichend ausgekühlt sein. Auch die tagsüber scheinende Sonne und während der Nacht laufenden Heizungen in den Häusern sorgen für flimmernde Luft.

Vermeiden Sie alle Standorte, bei denen der Blick über Gebäude sowie befestigte Flächen aus Pflastersteinen oder Beton hinwegführt. Gras- und Buschflächen sorgen hingegen durch Abschattung und Wasserverdunstung dafür, dass sich dort der Boden nicht allzu sehr aufheizen kann – so wird der Blick durchs Teleskop viel schärfer.

Freie Sicht gesucht

Beim Blick Richtung Norden ist die Sichtbarkeit des Polarsterns wichtig, um eine parallaktische Montierung korrekt aufzustellen. Außerdem ist ein möglichst unbeschränkter Blick in Richtung Süden sehr wichtig. Zwischen dem Zenit hoch über uns und dem Südhorizont tummeln sich Sonne, Mond und Planeten. Zudem sind in dieser Richtung die meisten Sternbilder zu beobachten.

Vorsicht Feind!

Licht stört beim Beobachten gleich zweifach. In der Nähe stehende Lampen erzeugen Lichtreflexe und machen die mühsam erworbene Dunkeladaption der Augen zunichte. Störend ist aber auch das inzwischen fast allgegenwärtige Streulicht ferner Lichtquellen. Gerade

▼ *Sterne in der Stadt: ein helles Trauerspiel.*

Tipp vom Sternfreund

→ *Nächtlicher Herumtreiber?*

Haben Sie einen guten Beobachtungsplatz auserkoren, den Sie nun regelmäßig benutzen wollen, hilft ein Gespräch mit Anwohnern oder Wiesenbesitzern. So vermeiden Sie einen nächtlichen Besuch von Ordnungshütern. Laden Sie im Gegenteil lieber den Grundstücksbesitzer zu einem abendlichen Blick auf den Mond ein – er wird begeistert sein!

Kleine Expeditionsanleitung

Ein Spiel aus Licht und Schatten

Er ist markant, hell, leicht zu finden und bietet eine schier unendliche Fülle von Details: Der Mond ist das Paradeobjekt unter den beobachtbaren Himmelskörpern und daher ein ideales Ziel für den Einstieg in die Beobachtungspraxis.

Auf einen Blick

→ *Ein Füllhorn für den Betrachter*
Der Mond bietet Hunderte interessanter Oberflächendetails, vom Krater bis zur Bodenrille.

→ *Vollmond: schön, aber ...*
... wenig erbaulich für den Betrachter, da sich alle Details kontrastarm und strukturlos darbieten. Einzig die dunklen „Meere" und die hellen Strahlensysteme junger Krater sind jetzt gut zu sehen.

→ *Das aschgraue Licht*
Die dunkle Seite des Mondes wird von der hell leuchtenden Erdoberfläche aufgehellt. Daher schimmert die dortige Oberfläche schwach und zeigt die Helligkeitsverteilung der Meere und helleren Hochländer.

→ *Hell und dunkel*
Die dunklen, glatteren Mondgebiete sind erstarrte Lavaflächen. Die hellen Regionen bestehen aus kraterreichen, alten Hochländern.

Hunderte von Oberflächendetails

Der Erdtrabant ist ein dankbares und detailreiches Beobachtungsobjekt. Bereits mit einem kleinen Fernglas kann man die dunklen Mare und helle, zerklüftete Hochebenen betrachten. Vor allem aber sind es die zahllosen kleinen und großen Krater, Vulkane, Gebirge und Schluchten, die mit ihren sich stets ändernden Schattenwürfen und Blickwinkeln den aufmerksamen Betrachter an sein Fernrohr fesseln.

Vollmond – ran ans Fernrohr?

Im Verlauf von 29 Tagen zeigt der Mond Tag für Tag ein sich änderndes Gesicht.

Mondfinsternis (von links nach rechts): Langsam taucht der Mond in den Erdschatten ein und wird dort rötlich leuchtend verfinstert.

Der Vollmond selbst ist aber nicht die günstigste Zeit, um den Erdtrabanten zu beobachten. Vielmehr steht zu diesem Zeitpunkt für einen imaginären Mondbewohner die Sonne senkrecht oben im Zenit. Wie auf der Erde werfen Gegenstände dann keinen seitlichen Schatten. Aber es ist der lange Schattenwurf am Morgen oder am Abend, der die Dinge plastisch hervortreten lässt. Daher ist die Hell-Dunkel-Grenze bei den verschiedenen Mondphasen stets der bevorzugte Beobachtungsabschnitt.

Was ist das aschgraue Licht?

Die dunkle, sonnenabgewandte Seite des Mondes leuchtet durch das von der Erde reflektierte Licht ebenfalls schwach. Besonders deutlich ist dies zu sehen, wenn der Mond noch in der Abenddämmerung nah zur Sonne steht und für unseren Mondbewohner die fast volle, große und weißblaue Erdscheibe hoch am Himmel steht.

◀ *Schmale Mondsichel und „aschgraues Licht" kurz vor Neumond.*

▼ *Die Mondoberfläche ist von Kratern und Maren überzogen.*

Die zwei Gesichter des Mondes

Die dunklen, glatt wirkenden Mare sind vulkanischen Ursprungs und bestehen aus Lavagestein. Vor mehr als 3,8 Milliarden Jahren entstanden durch gewaltige Einschläge riesige Senken auf der Mondoberfläche, die später durch Magma aus dem Mondinneren aufgefüllt wurden. Dabei wurden viele Einschlagskrater überdeckt und sind heute nicht mehr oder nur noch in Teilen zu sehen. Die verkraterten hellen Hochländer zeigen Reste der ursprünglichen Mondoberfläche und sind über vier Milliarden Jahre alt.

Nachgefragt:

→ *Wie sieht eine Mondfinsternis aus?*

Durchläuft der Vollmond gerade die Erdbahnebene, kann es zu einer Mondfinsternis kommen, da er vom Erdschatten getroffen wird. Diese ist überall zu sehen, wo der Mond zu diesem Zeitpunkt über dem Horizont steht. Der Mond verfinstert sich dabei nicht völlig, da durch die Erdatmosphäre orangerotes Licht in den Schatten gelenkt wird. Eine Mondfinsternis dauert bis zu eineinhalb Stunden und ist ein sehr bewegendes Erlebnis.

Ein Spiel aus Licht und Schatten

Mondbeobachtung Teil 1

Der Mond im Ersten Viertel: In der ersten Woche nach Neumond zeigt der noch junge Mond neben einigen kleineren Mare-Gebieten vor allem besonders schöne Regionen der alten Hochländer. Die Angaben zum „Mondalter" beziehen sich auf die Tage nach Neumond.

Mare Crisium (Mondalter: 3 Tage)

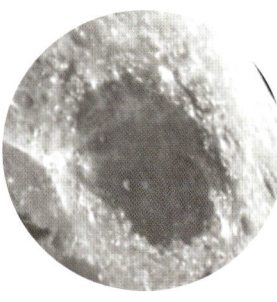

Das markante, am Mondrand stehende Mare Crisium (Meer der Gefahren) ist ein guter Zeiger für die seitlichen Schwankungen des Mondes (die sogenannte Libration), durch die er uns abwechselnd etwas mehr von seiner östlichen und von seiner westlichen Hemisphäre zeigt. Der westlich davon stehende, helle Krater Proclus ist relativ jung und zeigt einen Strahlenkranz.

Krater Jansen (Mondalter: 4 Tage)

Die Formation Jansen ist ein uralter, vielfach durch weitere Einschläge überlagerter Krater mit einer Fülle von Rinnen und Bergen in seinem Inneren. Der jüngere Krater Fabricius hat beim Einschlag das runde Erscheinungsbild von Jansen zerstört.

Krater Posidonius (Mondalter: 5 Tage)

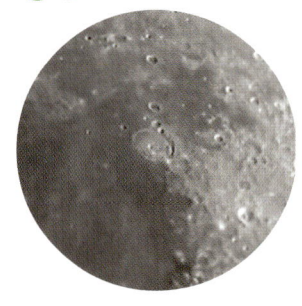

Am Nordostrand des Mare Serenitatis (Meer der Heiterkeit) finden Sie den 95 Kilometer großen Krater Posidonius. Der gesamte Boden des mit Lava gefüllten Kraters ist mit Rillen übersät. Fast in der Mitte des Kraters finden Sie auch den kleinen, jüngeren Krater Posidonius A.

Mare Nectaris (Mondalter: 5 Tage)

Ein klassisches Einschlagbecken, das eine Vielzahl interessanter Strukturen zeigt. Seinen Rand begrenzen die Gebirgszüge Montes Pyrenaeus im Osten und Rupes Altai weit im Westen, jenseits des Kraters Catharina. Die Kraterruinen Fracastorius im Süden und Daguerre im Norden wurden zusammen mit dem Mare Nectaris von Lava überflutet und sind nur noch in Teilen sichtbar. Catharina gehört zu einem markanten Trio, das mit Cyrillus und Theophilus zwei sehr schön strukturierte Krater aufweist.

Das bekannteste Kratertrio (Mondalter: 8 Tage)

Fast in der Mondmitte stehend, bilden Ptolemaeus, Alphonsus und Arzachel eine der markantesten Kraterformationen des Mondes. Ein interessanter Vergleich: Arzachel ist lavagefüllt, Ptolemaeus nicht.

PraxisTipp

Krater sehen immer dann besonders spektakulär aus, wenn sie sich nahe der Licht-Schatten-Grenze befinden, dem sogenannten Terminator.

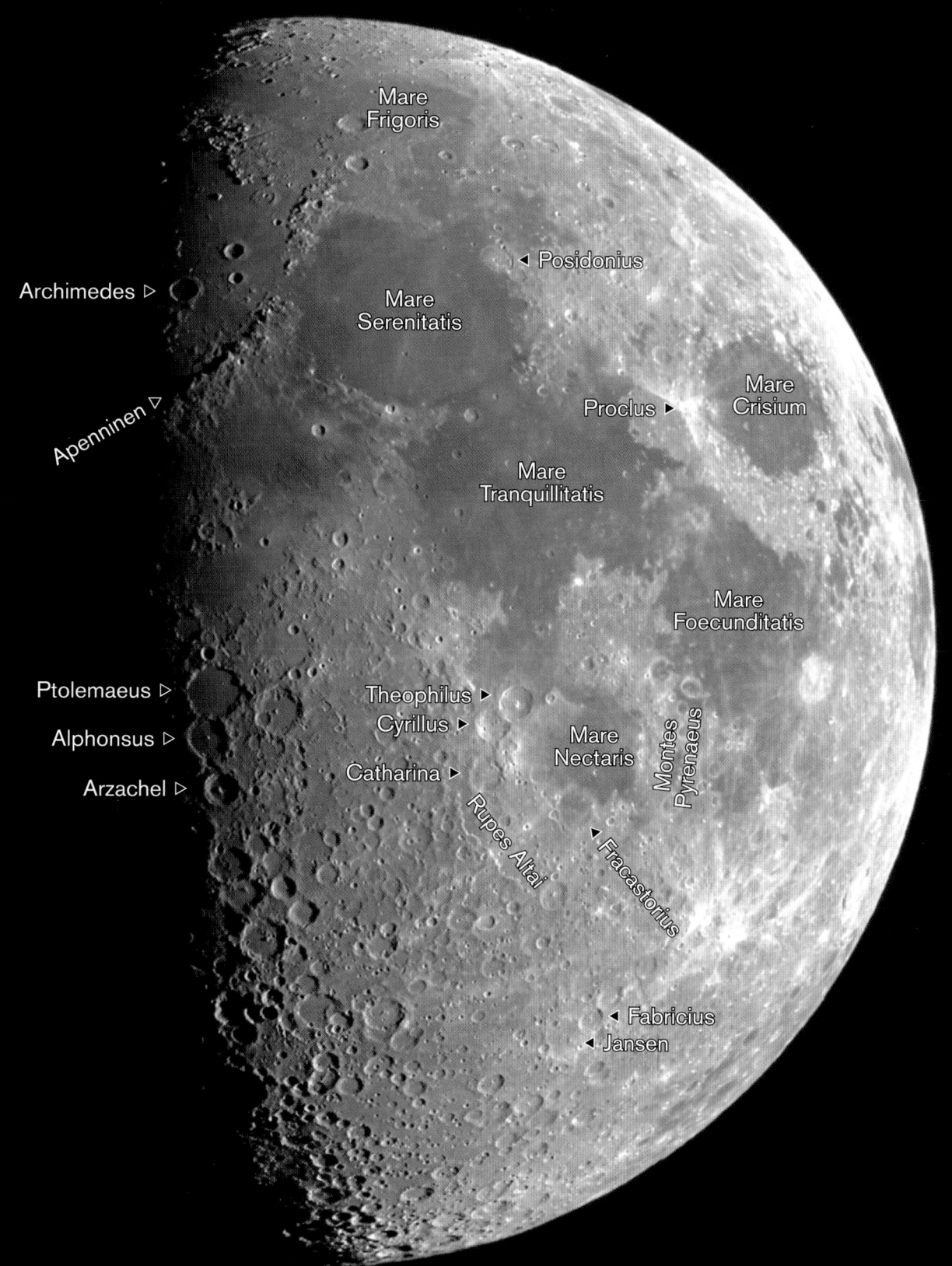

Mondbeobachtung Teil 1

Mondbeobachtung Teil 2

Für die Beobachtung von Oberflächendetails ist der Vollmond nicht geeignet, da zu diesem Zeitpunkt alle Mondstrukturen schattenlos unter der senkrecht stehenden Sonne liegen. Für die Betrachtung anderer Strukturen ist dies aber der richtige Zeitpunkt.

Verteilung der Mare

Jetzt bei Vollmond können wir leicht die Verteilung der dunklen Mare-Gebiete auf der Mondoberfläche betrachten.

Einige davon sind Einschlagstrukturen, also im Grunde genommen riesige Krater. Die größten unter ihnen sind das nicht sichtbare Aitken-Becken am Mondsüdpol und das leicht erkennbare Mare Imbrium (kleines Bild oben). Vielleicht skizzieren Sie einmal die Hell-Dunkel-Flächen auf dem Mond und trainieren so Ihr Auge für kommende Planetenbeobachtungen?

Der Mann im Mond

Seit Menschengedenken rätseln Himmelsbeobachter, welche Gestalt die dunklen Mare-Gebiete darstellen soll. Die Götter haben hierdurch nicht zu uns gesprochen, aber

– ähnlich wie bei dem Kinderspiel mit Wolkenformationen – zaubert unsere Fantasie manch vertrautes Bild an den Mond. Sei es nun der kleine Mann im Mond oder ein Hase mit großen Lauschern.

Schöne Strahlensysteme

Einige junge Krater zeigen noch heute helle Strahlen, die bei ihrer Entstehung entstanden sind, als Mondmaterie

beim Einschlag hunderte Kilometer weit zur Seite geschleudert wurde. Besonders schöne Strahlensysteme weisen die vier Mondkrater Copernicus, Kepler, Proclus und allen voran Tycho (kleines Bild oben) aus.

Weiß wie frischer Schnee

Nein, auf dem Mond fällt kein Schnee, denn es gibt dort ja keine Atmosphäre und kein Wasser. Trotzdem leuchten jetzt bei Vollmond einige Krater blendend weiß aus der gelbgrauen Mondoberfläche hervor. Besonders auffällig sind hierbei Aristarchus und der kleine Proclus am Rand des Mare Crisium (kleines Bild rechts).

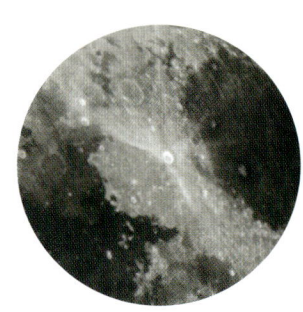

Der schwankende Mond

Mit dem Fachbegriff „Libration" bezeichnet man das etwas schwankende Antlitz des Mondes. Während eines Umlaufs um die Erde nickt der Mond scheinbar mit dem Kopf – man sieht oben/unten mehr oder weniger Mare und Krater – und sagt „nein" – man sieht links/rechts mehr oder weniger Mare und Krater.

Ins WEB geklickt

→ *Mondkarten*

Unter folgenden Internetadressen können Sie den Mond online erforschen:
www.mondatlas.de
http://ap-i.net
www.lpi.usra.edu

Mondbeobachtung Teil 2

Mondbeobachtung Teil 3

In den Tagen nach Vollmond sind die „Mondmeere" erstes Beobachtungsziel: Die Mondhemisphäre wird im Norden und bis weit unter die Mondäquatorregion durch riesige Mare geprägt. Erst tief im Süden finden wir noch etwas Hochland.

Mare Imbrium (Mondalter: 22-24 Tage)

Im Osten wird es durch den Gebirgszug der Mondalpen begrenzt, die durch ein riesiges Tal getrennt werden. Im Norden finden Sie die freistehenden Berge Recti, Montes Teneriffe sowie den Berg Mons Pico. Die Bucht Sinus Iridum mündet westlich in das Imbrium und wird durch den alten Kraterwall Montes Jura begrenzt.

Mare Nubium (Mondalter: 22 Tage)

Tief im Süden des Mare-Gebietes finden Sie zur gleichen Zeit das Mare Nubium mit der Faltung Rupes Recta (Lange Wand). Diese zieht nahe am kleinen Krater Birt vorbei, der Ihnen bei der Suche nach Rupes Recta hilft.

Krater Tycho (Mondalter: 22 Tage)

Ein weiterer Schwenk nach Süden führt uns bereits in das alte Hochland, das auch vom sehr tiefen Krater Tycho dominiert wird und dessen markanter Zentralberg zum Verweilen einlädt. Südlich von Tycho finden Sie noch den bekannten Krater Clavius.

Krater Copernicus (Mondalter: 23 Tage)

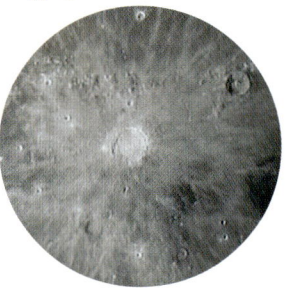

Copernicus zeigt einen steilen Kraterrand, der innen terrassenförmig abfällt. Außen um den Krater finden sich riesige Auswurfflächen aus hausgroßem Geröll.

Aristarchus (Mondalter: 25 Tage)

Diese sicherlich interessanteste Mondregion wird durch den hellen Krater Aristarchus und die vulkanische Ausflussrille Schrötertal beim Krater Herodotus gebildet.

Sie wird verdächtigt, auch heute noch vulkanisch aktiv zu sein.

Mare Humorum (Mondalter: 25 Tage)

Hier finden sich einige interessante Kraterruinen, wie etwa Gassendi oder Doppelmayer. Südöstlich des Mare lädt Palus Epidemiarum zur Rillenjagd beim Krater Ramsden ein.

PraxisTipp

Den abnehmenden Mond beobachtet man am besten im Herbst, den zunehmenden Mond im Frühling und den Vollmond im Winter.

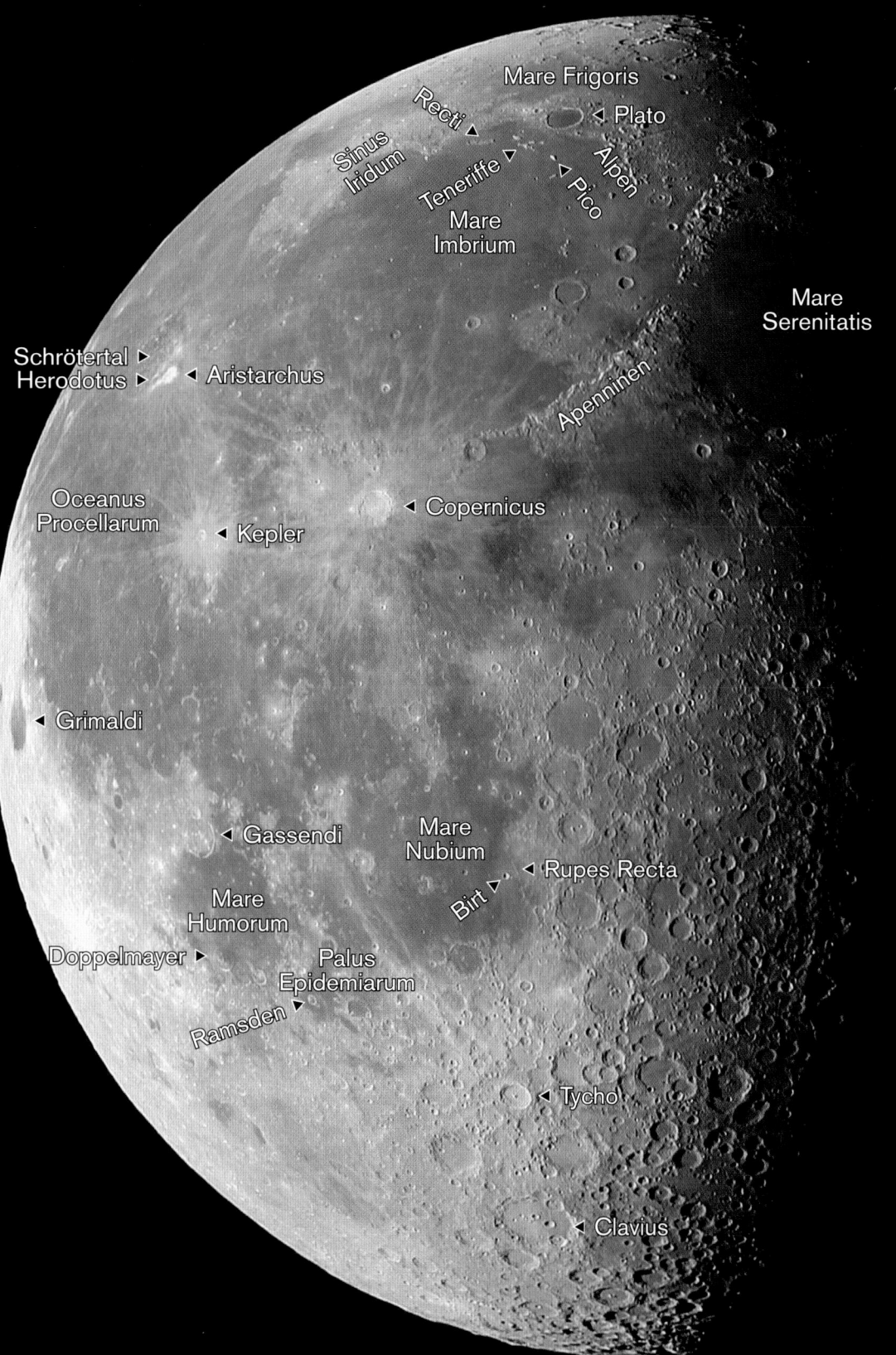

Astronomie tagsüber

Eine Gluthölle mit Überraschungseffekt: Bereits in kleinen Teleskopen hat die Sonne Details und einen stetigen Wandel zu bieten. Zur Beobachtung benötigt man aber unbedingt einen speziellen Sonnenfilter, um die Augen vor dem Sonnenlicht zu schützen.

Auf einen Blick

→ *Kochend heiß*
Die Sonne zeigt auf ihrer Oberfläche dunkle Flecken, weiße Streifenmuster und feinste Gasblasen.

→ *Augen schützen*
Nur mit Spezialfiltern, die mehr als 99,9999 Prozent des Sonnenlichts zurückwerfen, kann die Sonne sicher betrachtet werden.

→ *Sonnenfilter können…*
… aus metallbeschichteten Spezialfolien oder Glasplatten bestehen. Eine preiswerte Lösung für erste Beobachtungen ist die AstroSolar-Folie von Baader-Planetarium (Adresse S. 123).

Sicherheit ist Pflicht

Um die Lichtflut der Sonne wirkungsvoll zu dämpfen, muss ein spiegelnder Schutzfilter oben auf der Eintrittsöffnung des Teleskops befestigt werden. Ohne einen solchen Schutz, darf Ihr Teleskop NIEMALS auf die Sonne gerichtet werden, da in diesem Fall der Brennpunkt der Optik seinem Namen voll gerecht wird. Ein Stückchen Papier fängt hier sofort Feuer, billige Glasfilter zerplatzen und das Auge würde schlagartig bis zur Blindheit zerstört.

Welcher Filter?

Man unterscheidet zwei Sorten von möglichen Schutzfiltern:

→ 1. Preiswert: Die Sonnenfolie

Man kennt sie von den „Sonnenfinsternis-Brillen": dünne, spiegelnde Folie, durch die man gefahrlos in die Sonne schauen kann. Diese Folie gibt es auch mit größe-

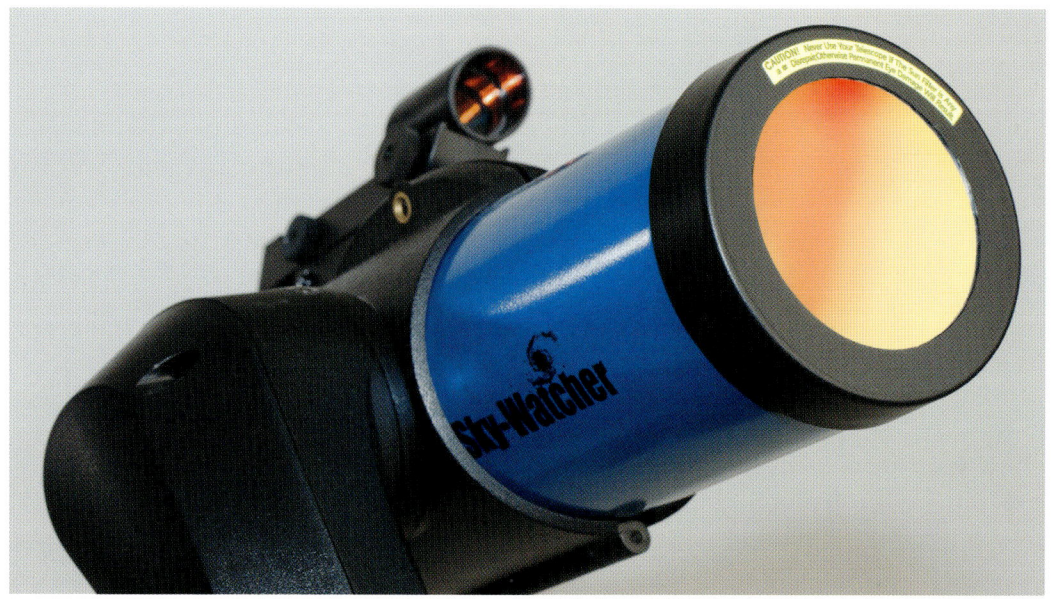

▼ *Nur mit einem sicheren Sonnenfilter zeigt das Teleskop Details auf der gleißend hellen Sonnenoberfläche.*

rem Durchmesser, so dass sie die Fernrohröffnung komplett abdeckt.

→ 2. Stabil: Glassonnenfilter

Bei gleicher Schutzbeschichtung wird hier als Träger keine Folie verwendet, sondern eine geschliffene Glasplatte, die unempfindlicher gegen Beschädigungen durch spitze Gegenstände ist. Hinsichtlich der Abbildungsqualität sind Glas- und Folienfilter vergleichbar.

→ 3. Auf keinen Fall: Okularfilter

Teleskopen vom Discounter liegt oft ein „Sonnenfilter" zum Einschrauben in das Okular bei. Benutzen Sie diesen Filter niemals, das Sonnenlicht wird ihn nach wenigen Minuten zerplatzen lassen!

Mal makellos, mal fleckig

Schwächen wir das gleißend helle Sonnenlicht durch einen guten Sonnenfilter ab, so werden einige Sonnendetails erkennbar. Die dunklen, meist in Gruppen auftretenden Sonnenflecken zeigen einen halbdunklen Außenbereich (die Penumbra) und ein pechschwarzes Inneres (die Umbra). Am Sonnenrand können Sie zwischen dort stehenden Sonnenflecken auch weiße Linien und Netzwerke erkennen, die als Fackelgebiete bezeichnet werden. Flecken und Fackeln ändern ihre Größe, Struktur und Form mitunter überraschend und täglich, so dass sich hier ein abwechslungsreiches Beobachtungsfeld auftut.

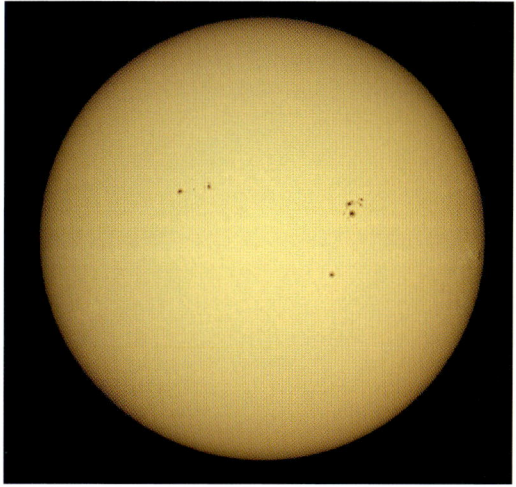

▲ In einem 11-jährigen Wechsel zeigt die Sonne mehr oder weniger Flecken.

Die Sonne blubbert

Etwas größere Teleskope ab 100 Millimeter Öffnung zeigen die Sonnenoberfläche mit einem guten Filter grießig, feinkörnigem Sand durchaus vergleichbar. Die sogenannte Granulation erstreckt sich über die gesamte sichtbare Sonnenoberfläche und besteht aus heißen, aufsteigenden Gasblasen – einem blubbernden Wassertopf nicht unähnlich.

◀ Sonnenflecken sind innen schwarz und am Rand zerfasert. Das Bild zeigt auch die körnige Granulation der Sonnenoberfläche.

Nachgefragt

→ Was sind Protuberanzen?

Viele Bücher und Webseiten zeigen eine rote, reich detaillierte Sonne mit wolken- oder bogenförmigen Gebilden am Scheibenrand. Diese Protuberanzen sind Gaswolken, die sich majestätisch von der Sonnenoberfläche erheben. Sichtbar sind sie allerdings nur mit H-alpha-Spezialteleskopen. Ein preiswertes Gerät hierfür hat der US-Hersteller Coronado mit dem „PST" (Persönliches Sonnen-Teleskop) auf den Markt gebracht.

Astronomie tagsüber

Die Jagd nach den Mini-Sicheln

Die inneren Planeten: Zwischen Sonne und Erde kreisen zwei Planeten um unser Tagesgestirn. Die Planeten Merkur und Venus haben recht ungewöhnliche Sichtbarkeiten, sind aber durchaus reizvolle Beobachtungsobjekte.

Auf einen Blick

→ *Dämmerungsobjekte*
Die sonnennahen Planeten Merkur und Venus sind nur in der Abend- oder Morgendämmerung zu sehen.

→ *Gutes Timing ist alles*
Wann genau man Venus oder Merkur sehen kann, ist von Jahr zu Jahr verschieden. Der Blick in ein astronomisches Jahrbuch hilft.

→ *Keine Details*
Die Strukturen der Oberflächen beider Planeten bleiben dem normalen Beobachter verborgen. Nur die Entwicklung ihrer Sichelform ist beobachtbar.

→ *Spektakuläres von Spezialisten*
Durch besondere Filter ist es sogar Hobby-Astronomen gelungen, Einzelheiten auf Venus und Merkur zu fotografieren.

Merkur und Venus ziehen ihre Bahnen zwischen Erde und Sonne. Im Fernrohr zeigen sie daher Phasen wie der Mond. Für den Anfang ist Venus das einfachere Objekt: Sie ist heller, abends (bzw. morgens) länger zu sehen, und ihr zum Teil beleuchtetes Scheibchen ist größer als das von Merkur.

Merkur: Sichtbarkeiten

Der sonnennahe Merkur ist für uns in Mitteleuropa nur selten zu sehen, da er selbst in größerer Sonnendistanz noch

▼ *Mal groß, mal winzig klein: die Sicheln von Mond und Merkur (oberhalb vom Mond) am Abendhimmel.*

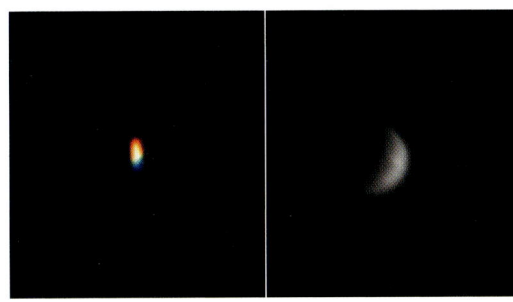

▲ Im Teleskop ein waberndes Etwas (links), zeigen erst besondere Aufnahmetechniken eine Merkursichel mit Details (rechts).

vom Dämmerungslicht und horizontnahem Dunst verschluckt wird. Einige wenige Male im Jahr, wenn ein maximaler Sonnenabstand im Frühjahr oder Herbst mit einer steil emporragenden Bahnebene zusammenfällt, ergibt sich eine geringe Merkursichtbarkeit. Die besten Monate sind April und Mai, wenn Merkur am Abendhimmel steht.

Merkur: Beobachtungen

Mehr als eine kleine, durch die horizontnahe Luftunruhe wabernde Sichel werden Sie aber selbst dann nicht erkennen können. Merkur gibt auch in leistungsfähigen Teleskopen nur für Sekundenbruchteile mit sehr ruhiger Luft seine Oberfläche preis. Mit besonderen Aufnahmetechniken sind dann schwache Schattierungen auf seiner Oberfläche erkennbar.

Venus: Sichtbarkeiten

Auch die leuchtende Venus folgt einem ähnlichen Sichtbarkeitsmuster. Allerdings ist ihre Bahn weiter von der Sonne entfernt und deutlich näher an der Erde. Somit ergibt sich bei günstiger Beobachtungskonstellation eine beachtliche Höhe der Venus über dem Horizont, wo sie uns hell leuchtend als Morgenstern im Osten oder als Abendstern im Westen erscheint. Im Verlauf der Wochen können Sie die Venus als immer größer und schmaler werdende Sichel betrachten, bis sie schließlich am Tageshimmel, fast vor der Sonne stehend, für uns unsichtbar wird.

▼ Je nach Erdnähe und Sonnendistanz zeigen Venus und Merkur sehr unterschiedliche Phasen.

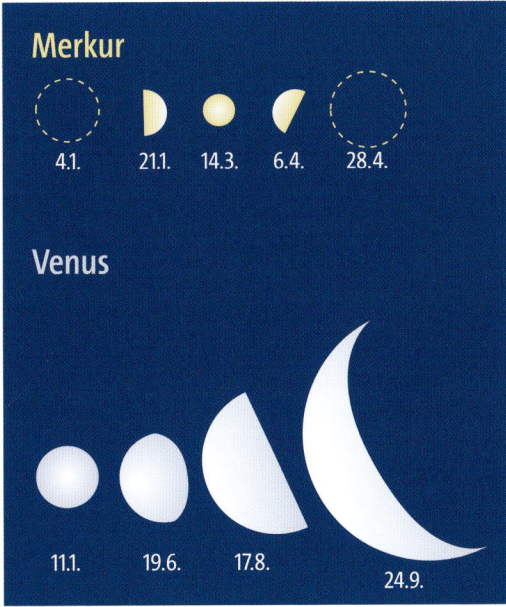

▲ Mit Videotechnik aufgenommen (wie auf Seite 88 beschrieben), zeigt die Venussichel ihre zarte Schönheit.

Venus: Beobachtungen

Da der Nachbarplanet der Erde aber von einer dichten, strukturlosen Wolkenschicht umgeben ist, erscheint die Venus im Fernrohr nur als kleine, weiße Scheibe oder Sichel. Dem Beobachter bleibt, die immer wieder interessante Entwicklung der Sichelform zu verfolgen. Nur Fotografien im violetten, nicht mehr sichtbaren Licht zeigen typische Wolkenstrukturen in der Venusatmosphäre, die spezialisierte Sternfreunde durchaus gewinnen können.

PraxisTipp

→ *Merkur im Urlaub*

In der Äquatorgegend und von der Südhalbkugel aus steht Merkurs Bahn deutlich steiler über dem Horizont. Von dort aus ist der Planet leichter zu beobachten. Die besten irdischen Merkurbilder entstehen daher in Namibia oder Chile. Aber erst mit Raumsonden lässt sich seine Oberfläche genau erforschen.

Die Jagd nach den Mini-Sicheln

Ein starkes Trio spielt auf

Mars, Jupiter und Saturn sind Welten von faszinierender Schönheit. Mit diesem Trio kommen wir nun zu den schönsten Planeten für Fernrohrbeobachter. Vergrößerungen ab 100-fach sind empfehlenswert.

Auf einen Blick

→ *Weit weg von der Sonne*
Die äußeren Planeten lassen sich in ihrer Oppositionsstellung die ganze Nacht beobachten.

→ *Mars, der rote Planet*
Einziger Planet, auf dem man die Oberfläche sehen kann. Sein Scheibchen zeigt weiße Polkappen und dunkle Strukturen der Oberfläche.

→ *Jupiter, der Riesenplanet*
Seine Atmosphäre teilt sich in dunkle Bänder und helle Zonen auf. Die vier hellsten Jupitermonde sind leicht zu sehen.

→ *Saturn, der Ringplanet*
Der majestätisch schwebende Ring von Saturn fasziniert jeden Betrachter. Schon kleine Einsteigerteleskope zeigen ab ca. 30-facher Vergrößerung seinen Ring.

Die Sichtbarkeiten der äußeren Planeten entsprechen denen der Sternbilder, in welchen sie gerade zu finden sind. Befinden sie sich während der „Oppositionsstellung" der Sonne genau gegenüber, so können wir sie die ganze Nacht hindurch beobachten.

Mars – klein, aber oho

Der erste der äußeren Planeten ist wegen seiner Erdähnlichkeit ein ganz besonders faszinierendes Objekt. Bereits ein kleines Fernrohr zeigt bei Erdnähe ein orangerotes Scheibchen mit hell leuchtenden Polkappen. Mit größeren Teleskopen werden dunkle Schattierungen und gelegentliche Staubstürme auf der Oberfläche erkennbar. Mit einem Rot- oder einem Skyglowfilter sind diese Oberflächenstrukturen deutlicher zu sehen.

Jupiter – ein echter Riese

Der König unter den Planeten unseres Sonnensystems ist selbst im kleinen Fernrohr ein spektakuläres Objekt. Zwei ober- und unterhalb der Äquatorregion umlaufende, dunkle Bänder sind die markantesten Strukturen seiner sich stets wandelnden, sturmgepeitschten Atmosphäre. Den bekannten „Großen Roten

▲ *Farbfilter verstärken die Erkennbarkeit von Oberflächendetails auf Planeten (rot bei Mars, hellblau bei Jupiter und Saturn).*

Fleck" kann man nur in größeren Teleskopen sehen. Begleitet wird der gasförmige Riesenplanet von einer ganzen Reihe eigener Monde, deren vier hellste Vertreter bei ihren Umläufen leicht zu beobachten sind. Sie laufen dabei auch vor diesem durch oder verschwinden hinter dem Gasriesen. Diese „Galileischen" Monde sind bereits im Fernglas erkennbar.

Saturn – Herr der Ringe

Die gelbliche Kugel mit ihrem majestätischen, fast weißen Ring ist so einzigartig,

▶ *Bildreihe links: So kann man Mars, Jupiter und Saturn in einem sehr großen Fernrohr sehen.*

▶ *Bildreihe rechts: Diese Planetenbilder können Sie in einem Hobby-Teleskop erwarten.*

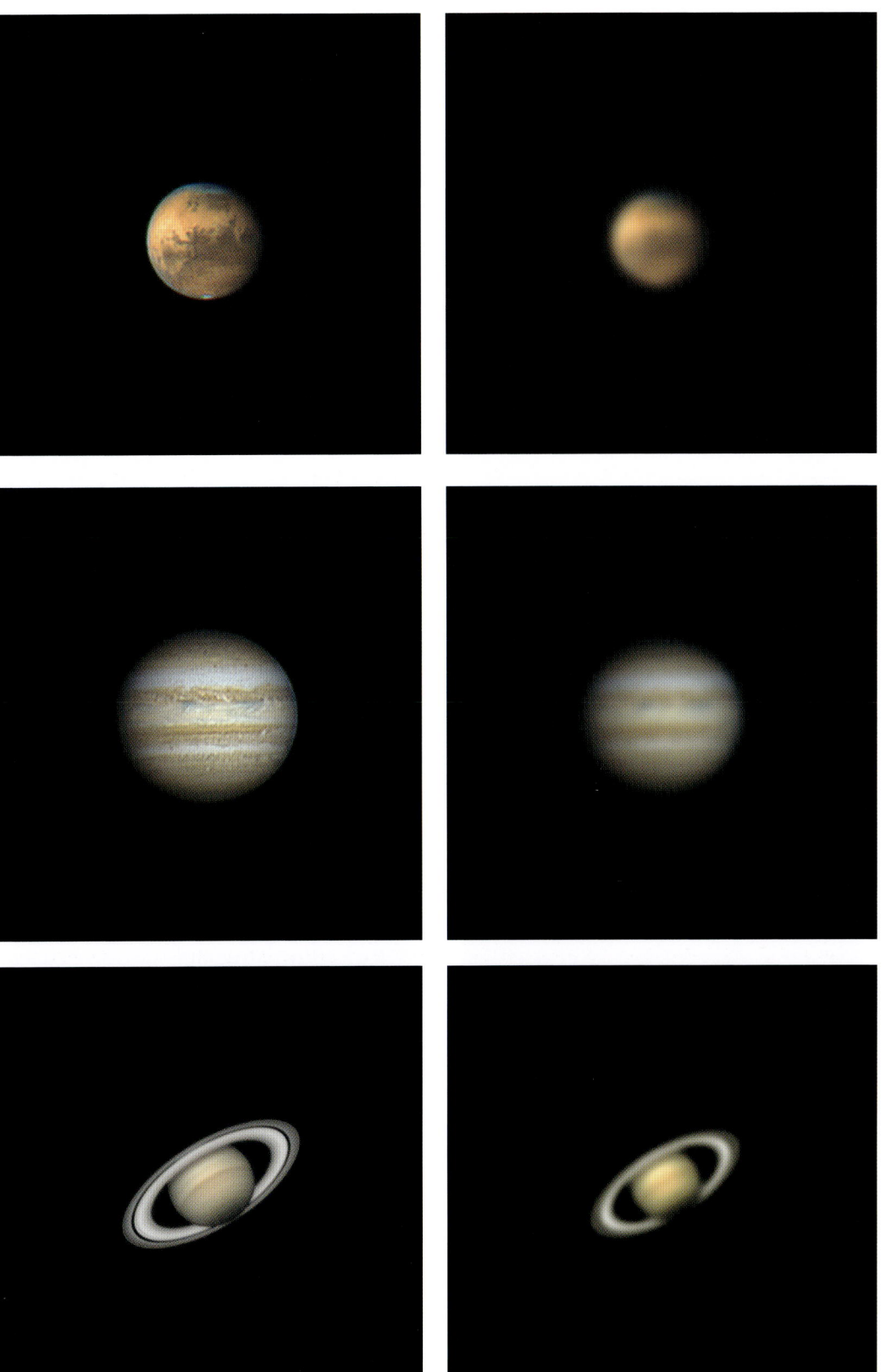

dass dieser Planet zu Recht eines der bekanntesten Beobachtungsobjekte darstellt. Leider ist Saturn bereits so weit von der Erde entfernt, dass wir schon eine etwas höhere Vergrößerung von rund 30-fach benötigen, um die seitlichen, durch den Ring erzeugten Ausbuchtungen zweifelsfrei zu erkennen. Im Hobby-Teleskop bei rund 60-facher Vergrößerung ist Saturn mit seinem Ring ganz großes Kino!

Planeten jenseits von Saturn

Im Gegensatz zu Merkur, Venus, Mars, Jupiter und Saturn, die schon seit Urzeiten bekannt waren, wurden die äußeren Planeten Uranus, Neptun und Pluto erst in der Neuzeit entdeckt. Uranus und Neptun kann man als verwaschene Sternchen sehen, wenn man genau weiß, wo man sie zu suchen hat (hier hilft ein astronomisches Jahrbuch). Der Zwergplanet Pluto ist weit außerhalb der Reichweite typischer Hobby-Teleskope.

PraxisTipp

→ *Vergrößerung für Planeten*

Die Planeten sind alle so klein, dass man sie am liebsten „riesig" vergrößern würde. Aber mit steigender Vergrößerung wird das Bild in der Praxis immer unschärfer. Daher lieber etwas weniger vergrößern – ca. 100-fach – und den scharfen Anblick bestaunen.

Ein starkes Trio spielt auf

Deep Space lässt grüßen

Im angelsächsischen Sprachraum gibt es einen schönen Begriff für die Welt der Sterne jenseits unseres heimischen Sonnensystems: „Deep Sky". Bevor wir nun den Schritt in die Tiefe des Alls wagen, hier ein erster Blick auf das, was Sie erwartet.

Auf einen Blick

→ *Sterne und Doppelsterne*
Auch „normale" Sterne können im Fernrohr nett aussehen. Besonders dann, wenn sie sich als Doppelstern entpuppen.

→ *Sternhaufen*
Die Leckerbissen für kleine und große Fernrohre. Sternhaufen sehen prächtig aus und sind oft recht hell.

→ *Gasnebel*
Es gibt große, meist lichtschwache Nebel und kleine, die mehr wie ein verwaschener Stern aussehen.

→ *Galaxien*
Viele von ihnen kann man tatsächlich sehen – aber nur als milchige Flecken. Zu prachtvollen Spiralgalaxien werden sie erst auf Fotos.

Jenseits unseres Sonnesystems können wir in den Tiefen des Weltraums viele Deep-Sky-Objekte beobachten. Hellere Vertreter jeder Objektklasse lassen sich bereits im Einsteigerteleskop beobachten.

Sterne und Doppelsterne

Sie sind die Grundbausteine des Weltalls. Sterne gibt es in verschiedenen Helligkeiten und sie zeigen auch unterschiedliche Farben. Sterne entstehen zumeist in Gruppen, daher sind sie auch als Pärchen und einander umkreisende Mehrfachsysteme zu beobachten. Sehr attraktiv sind Doppelsterne, wenn die zwei Sterne verschiedene Farben zeigen.

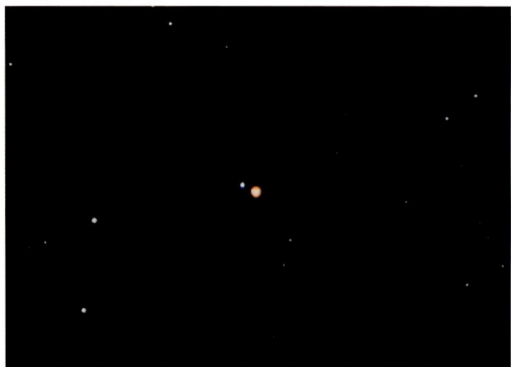
▼ *So wird man den Doppelstern Albireo im Teleskop sehen.*

Gasnebel

Diese Objektklasse ist eng mit dem Lebenslauf der Sterne verbunden. In großen, auf Fotos rot leuchtenden Gasnebeln entstehen Sterne. Die dann entstandenen jungen Sterne sind oft von Reflexionsnebeln umgeben, die blau angeleuchtet werden. Die Farben erkennt man im Teleskop allerdings nicht. Stirbt ein Stern, so stößt er seine äußeren Gashüllen ab. Es entsteht ein kreisförmiger „Planetarischer Nebel" oder ein diffuser Supernovaüberrest. Gasnebel sind mehr etwas für das Fernglas oder ein Teleskop mit niedriger Vergrößerung, Planetarische Nebel nur für das Teleskop mit stärkerer Vergrößerung.

▼ *Albireo auf einer langbelichteten Himmelsaufnahme*

 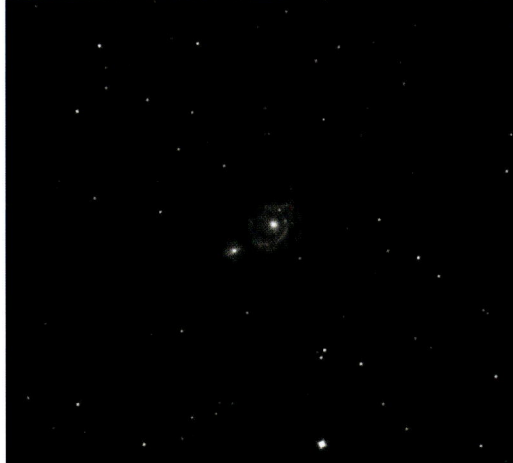 

▲ *Obere Bildreihe: So sehen ein Sternhaufen (die Plejaden), eine Galaxie (Messier 51) und ein Gasnebel (Messier 42) im 100-Millimeter-Teleskop aus.*
▼ *Untere Bildreihe: Fotos der gleichen Objekte zeigen sehr viel mehr Details und sind im Gegensatz zum Teleskopanblick auch farbig.*

Sternhaufen

Offene Sternhaufen enthalten Dutzende, mitunter Hunderte von jungen Einzelsternen, die gemeinsam entstanden sind und dann durch ihre gegenseitige Anziehungskraft zusammen bleiben. Kugelsternhaufen sind hingegen sehr alte Objekte aus hunderttausenden Sternen. Sie umkreisen unsere Milchstraße, ganz so, wie unser Mond die Erde umläuft. Sternhaufen sind sehr beliebte Beobachtungsobjekte – offene Sternhaufen bereits im Fernglas, Kugelsternhaufen besser im Teleskop.

Galaxien und Galaxienhaufen

Ganz gleich unserer Milchstraße bilden die Galaxien riesige Sterneninseln im Kosmos. Aus Gas und Staub entstanden dort Milliarden von Sternen. Je nach Gestalt unterscheidet man elliptische Galaxien, Spiralgalaxien und Irreguläre Systeme. Es gibt einzeln stehende Galaxien, aber auch riesige Ansammlungen mit tausenden Mitgliedern. Im typischen Amateurteleskop bleiben selbst helle Galaxien schwache, diffuse Nebelfleckchen. Einzig die Andromeda-Galaxie kann man bereits im Fernglas gut sehen.

Nachgefragt

→ *Was ist die Messier-Liste?*

Eigentlich ein Kometenforscher, ärgerte sich der Franzose Charles Messier im 18. Jahrhundert über einige Nebelflecken, die er des Öfteren mit einem neuen Kometen verwechselte. Um dies zu vermeiden, notierte er diese „lästigen Störer" – heute für uns eine Liste der 110 hellsten und schönsten Deep-Sky-Objekte (siehe Seite 120).

Der Sternenhimmel im Frühling

Rund um das markante Sternbild Löwe tummeln sich zahlreiche, lichtschwache Galaxien. Aber auch für kleine Teleskope bietet der Frühlingshimmel einige interessante Objekte.

Sternbilder am Frühlingshimmel

Der Winterhimmel hat die Bühne verlassen. Tief im Westen schicken sich die letzten Wintersternbilder an, unterzugehen. Der Löwe, das dominierende Frühlingssternbild, steht genau in Südrichtung. Hoch über unseren Köpfen können wir den Großen Wagen entdecken. Folgen wir dem Schwung seiner Deichsel, so finden wir hoch im Osten den hellen, gelblich leuchtenden Stern Arktur im Bootes. Der recht kahle Südosten des Himmels wird vom Sternbild Jungfrau eingenommen. Einsam leuchtet dort ihr heller Hauptstern Spika.

Doppelstern Gamma Leonis

Schönes Doppelsternpaar aus einem orangefarbenen Stern und einem gelben Riesenstern. Ein kleines Fernrohr zeigt beide Sterne getrennt.

Sternhaufen „Krippe"

Mitten im Sternbild Krebs befindet sich ein lockerer Sternhaufen aus rund 200 Einzelsternen. Mit dem bloßen Auge ein diffuses Wölkchen, im Fernglas ein schönes Objekt. Im Fernrohr geht bei höherer Vergrößerung der Haufencharakter etwas verloren.

Kugelsternhaufen Messier 3

Ungefähr in der Mitte zwischen Arktur und den Jagdhunden gelegen, ist M 3 einer der größten und hellsten Kugelsternhaufen an unserem Himmel. Im Fernglas gut zu erkennen, ein Teleskop mit 100 Millimeter Öffnung zeigt erste Einzelsterne.

Galaxien Messier 65 / Messier 66

Zwei relativ helle Galaxien an der hinteren Löwentatze. Beide sind unter sehr guten Bedingungen im größeren Fernglas gerade noch als kleine, matte Lichtflecken zu sehen. Ein Fernrohr mit 100 Millimeter Öffnung zeigt zwei kleine Spindeln.

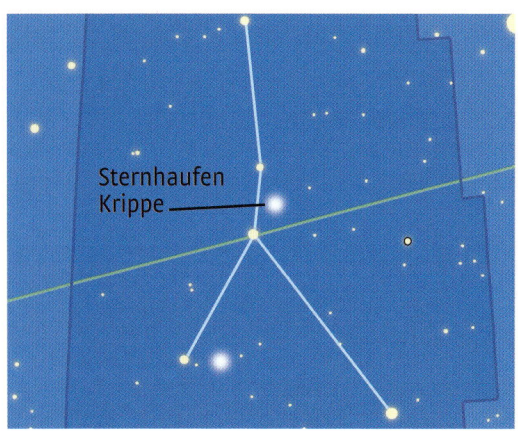
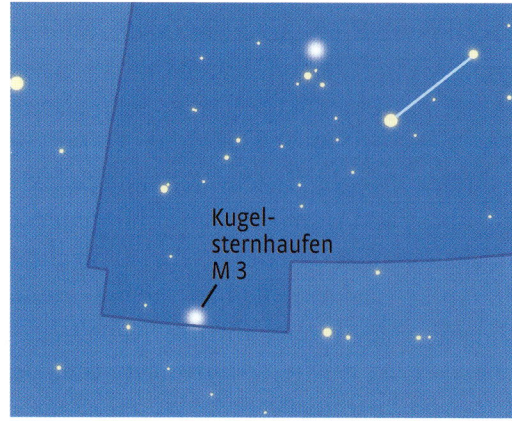
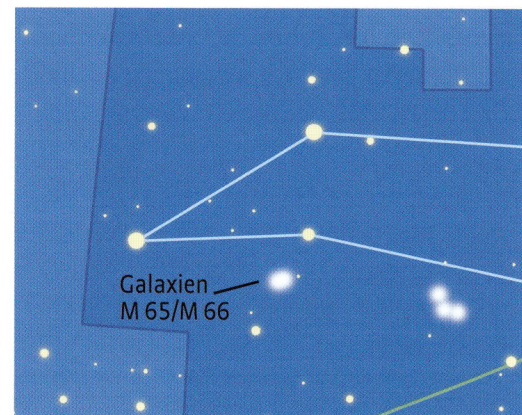

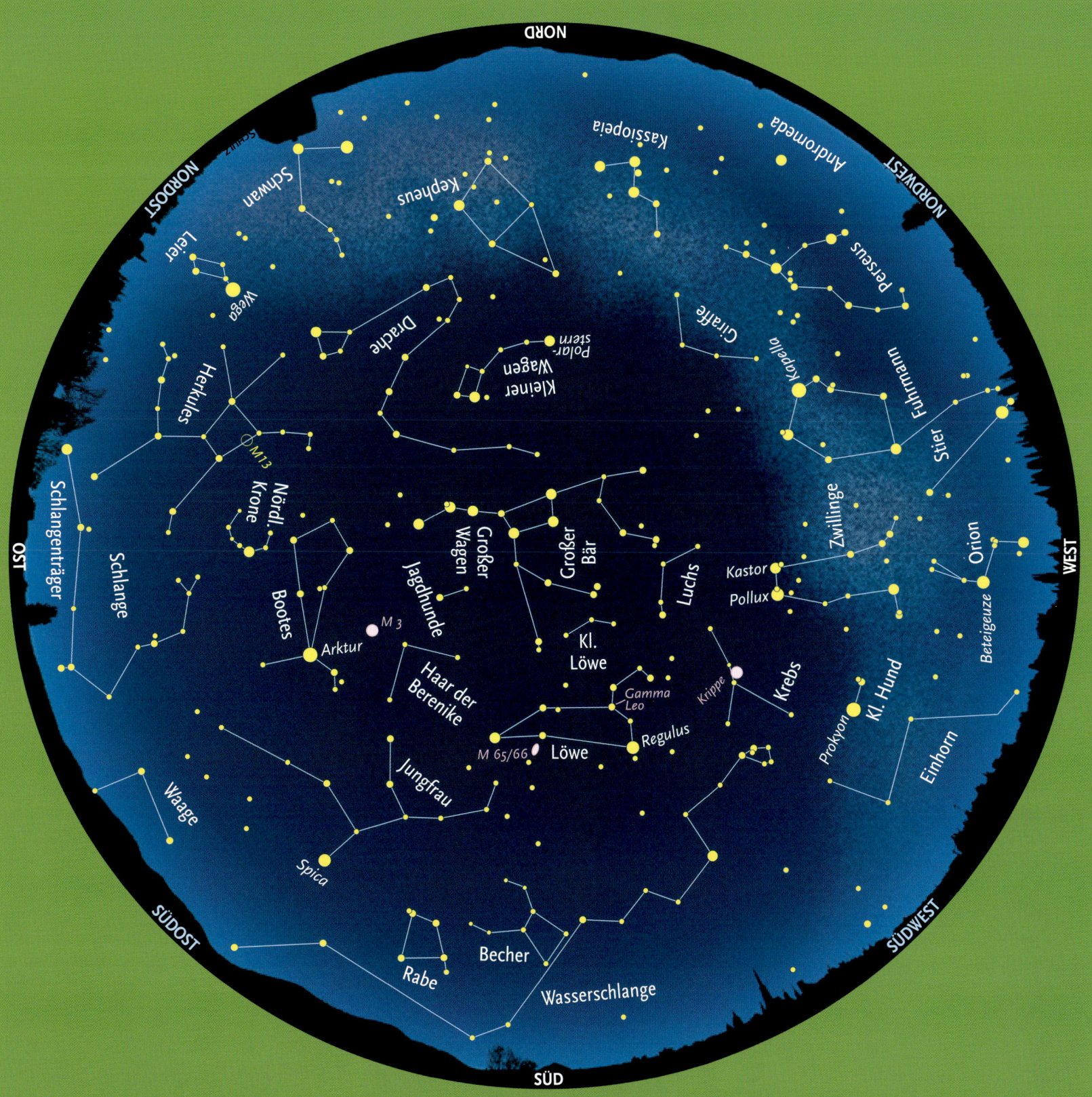
Der Sternenhimmel im Frühling

Der Sternenhimmel im Sommer

Ein Dreieck aus den hellen Sternen Deneb, Wega und Atair weist im Sommer den Weg zu einigen besonders schönen Himmelsobjekten. Unter einem dunklen Himmel kann man mit dem Fernglas durch die Milchstraße „surfen".

Sternbilder am Sommerhimmel

Die Abenddämmerung setzt jetzt erst spät ein. Voll Ungeduld wartet man, welche Sterne sich als erste zeigen. Hoch im Südwesten taucht zuerst Arktur im Bootes auf, ein letzter Frühlingsbote. Fast gleichzeitig finden Sie fast im Zenit die helle Wega in der Leier. Sie weist den Weg zu Deneb im Schwan und Atair im Adler. Ist es richtig dunkel geworden, sehen Sie in dieser Region des Sommerdreiecks auch die Milchstraße glimmen. Ihr können Sie bis zum Südwesthorizont folgen, wo die Südsternbilder Schütze und der Nordteil des Skorpions mit dem hellen Stern Antares warten.

Doppelstern Albireo

Ein wunderschöner Doppelstern am Kopf des Schwans, er leuchtet blauorange. Ein größeres Fernglas zeigt den Stern andeutungsweise doppelt, im Fernrohr ist der Doppelstern leicht erkennbar.

Kugelsternhaufen Messier 13

Der hellste Kugelsternhaufen des Nordhimmels befindet sich im Sternbild Herkules. Im Fernglas sieht man eine helle Scheibe, ein Fernrohr mit 100 Millimetern zeigt unter günstigen Umständen erste Sterne, 150 Millimeter Öffnung sind besser. Traumhaft im großen Teleskop einer Sternwarte!

Planetarischer Nebel Messier 57

Zwischen den beiden unteren Leiersternen ist der berühmte Ringnebel leicht zu finden. Im Fernglas sieht M 57 wie ein etwas unscharfer Stern aus, ein Fernrohr mit 100 Millimeter zeigt einen hellen Ring, bei 150 Millimeter ist das zentrale Loch deutlicher erkennbar. Vergrößerungen ab 100-fach sind empfehlenswert.

Gasnebel Messier 17

Ein Blick tief in den Süden zum Schützen, unterhalb des Sternbilds Adler. Am Rand zum Sternbild Schlange findet sich der helle Gasnebel M 17. Im Fernglas leicht sichtbar, ein Fernrohr zeigt erste Details in der Nebelmasse – und verträgt auch höhere Vergrößerungen bis etwa 100-fach.

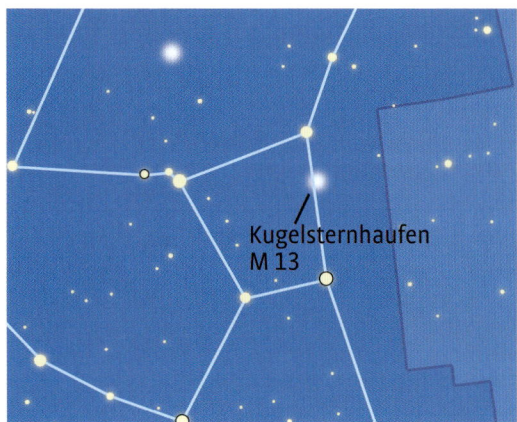
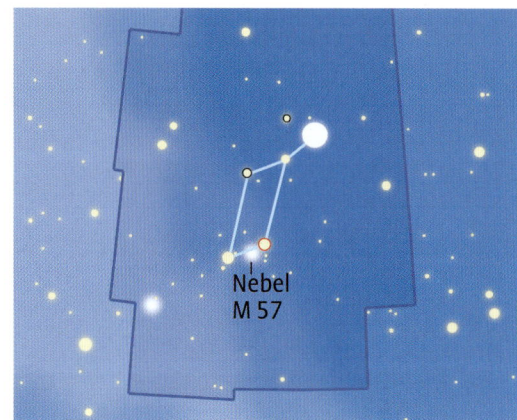
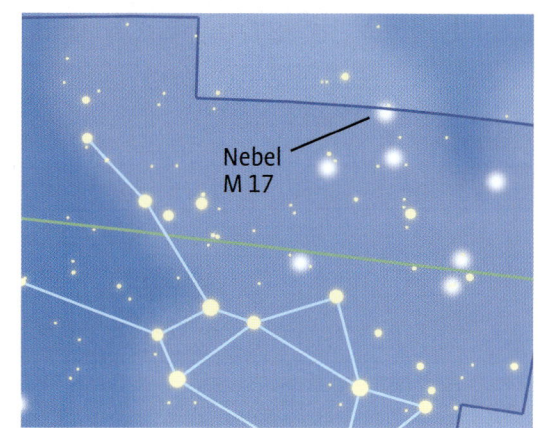

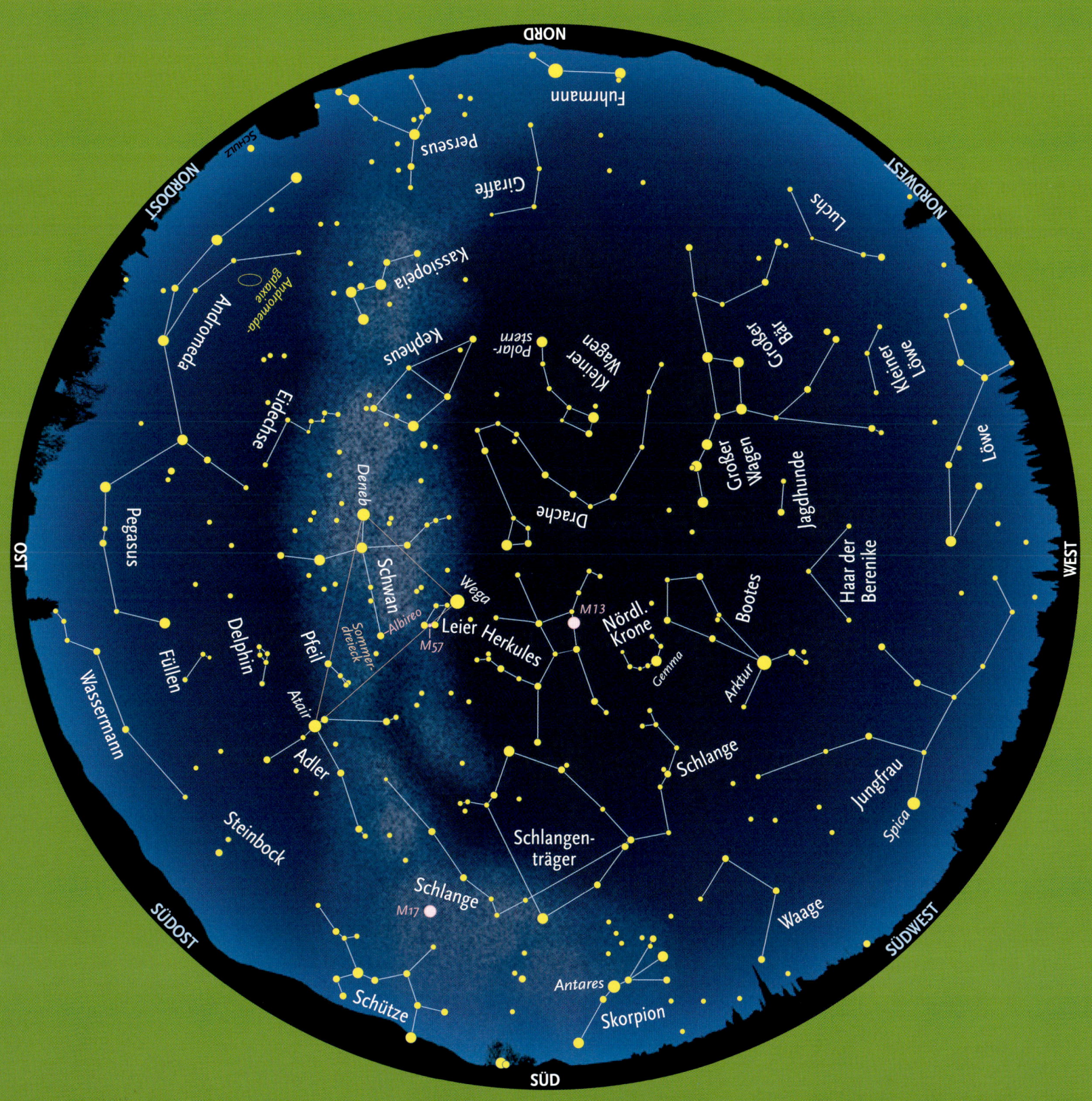

Der Sternenhimmel im Sommer

Der Sternenhimmel im Herbst

Mit Himmelsflügeln zur Andromeda: Das mächtige Viereck des Pegasus zeigt uns den Weg zur Sternenkette der Andromeda. Von hier aus finden Sie einige sehr beeindruckende Himmelsobjekte.

Sternbilder am Herbsthimmel

Das dritte Jahresviertel ist angebrochen, die Himmelsszene hat abermals gewechselt. Im Westen erkennen wir noch das Sommerdreieck aus Wega, Deneb und Atair. Der Große Wagen hat seine Tiefstellung im Norden fast erreicht. Das markante Himmels-W, die Kassiopeia, steht dafür im Zenit. Die Himmelsbühne in Richtung Osten dominiert das riesige Pegasus-Quadrat mit der langen Sternenkette der Andromeda, die an der linken oberen Pegasus-Ecke beginnt. Tief im Osten geht gerade der Stier mit dem rötlichen Aldebaran und dem schönen Plejaden-Sternhaufen auf.

Doppelstern Gamma Andromedae

Ein Dreifachsternsystem, dessen beiden hellen Komponenten ein schönes orange-blaues Paar bilden. Ein Fernrohr mit 100 Millimetern Öffnung zeigt bei 100-facher Vergrößerung das beste Bild.

Galaxie Messier 31

Die berühmte Andromeda-Galaxie, das unserer Milchstraße am nächsten stehende Sternsystem. Entlang einer Sternenkette leicht zu finden. Mit dem bloßen Auge ein verwaschener Fleck, ein Fernglas zeigt eine elliptische Spindel. Ein kleines Teleskop zeigt das Objekt etwas größer, aber nicht detailreicher. Dunkler Himmel ist zur Beobachtung wichtig.

Sternhaufen „H und chi"

Der bekannteste Doppelsternhaufen trägt die Bezeichnung „h & χ". Mit dem bloßen Auge sind beide Sternhaufen nebeneinander leicht erkennbar, ein Fernglas zeigt das Pärchen sehr schön, bei Teleskopen eine niedrige Vergrößerung benutzen. Weitere bekannte Doppelsternhaufen sind M 38/NGC 1907 im Fuhrmann und M 46/M 47 im Winterbild Hinterdeck.

Sternhaufen Plejaden

Zu fortgeschrittener Stunde gesellt sich der Stier zu den Herbststernbildern. Er besteht vor allem aus dem großen, V-förmigen Sternhaufen der Hyaden und der markanten Sternwolke der Plejaden. Mit dem bloßen Auge sind dort sechs Sterne sichtbar, ein Fernglas oder kleines Teleskop zeigt die volle Pracht dieses schönsten Sternhaufens am Himmel.

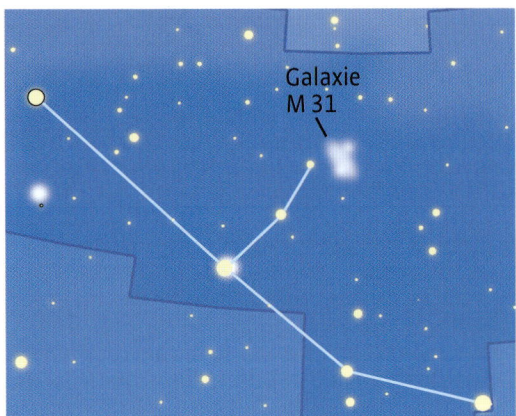
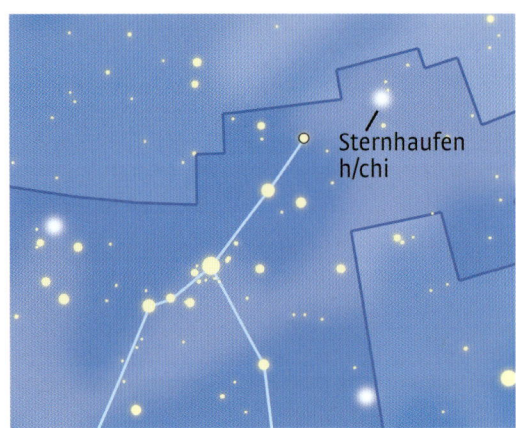
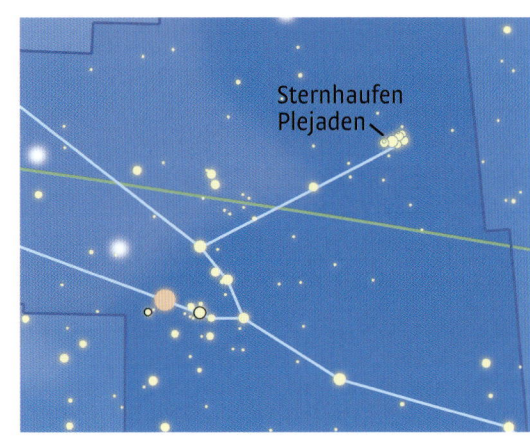

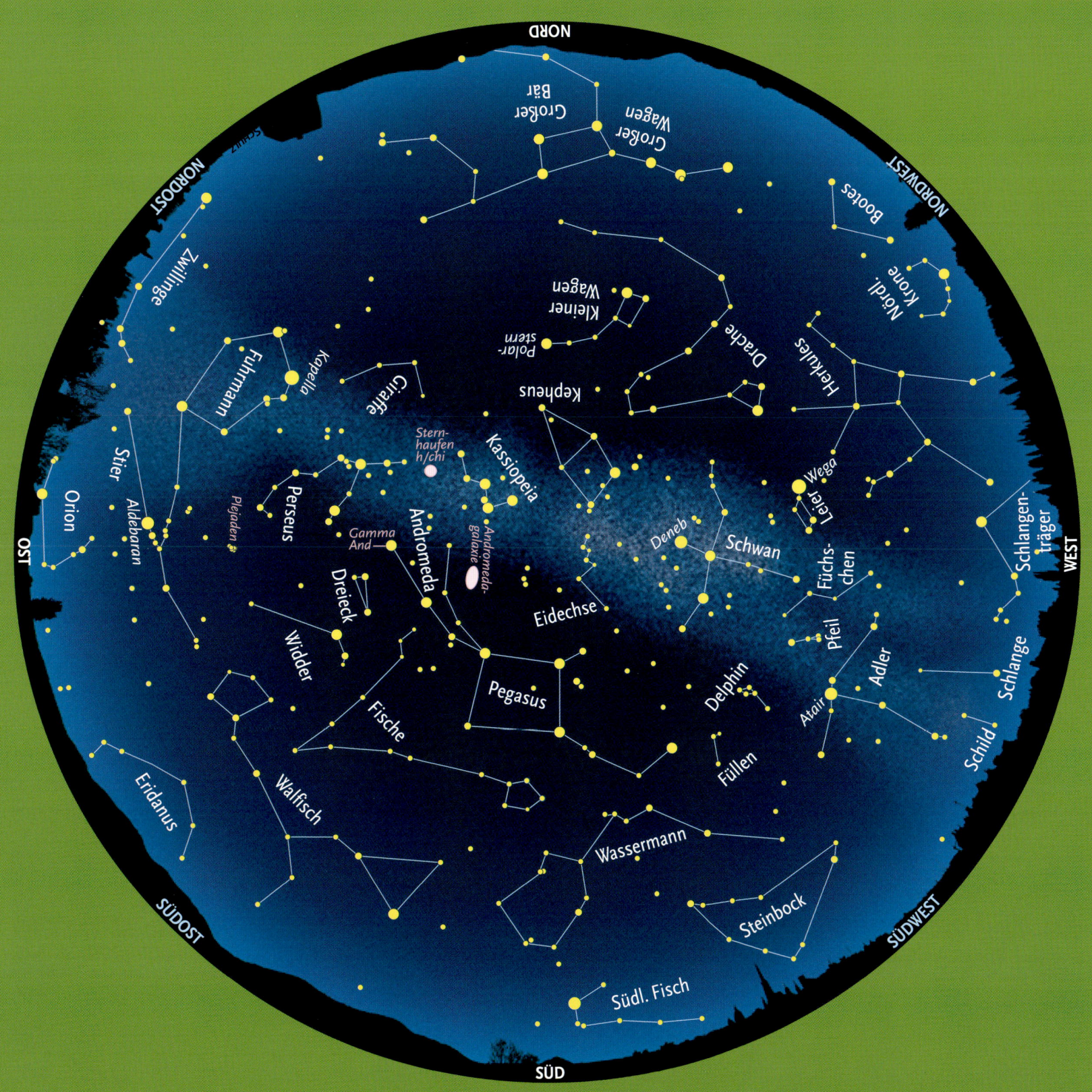

Der Sternenhimmel im Herbst

Der Sternenhimmel im Winter

Die Pracht der blauen Riesen: Zu dieser Jahreszeit kann der Himmel mit der größten Anzahl heller Sterne aufwarten. Der Blick gilt dem auffälligen Orion, aber auch die Zwillinge können mit interessanten Zielen glänzen.

Sternbilder am Winterhimmel

In diesen Monaten ist der Himmel besonders reich an hellen Sternen. Es wird früh dunkel, die Sterne ziehen dann rasch den Blick auf sich. Leicht ist im Südosten die markante Figur des Orion zu erkennen. Sein rechter Fußstern, der blauweiße Rigel, weist uns auch den Weg zum Wintersechseck. Im Uhrzeigersinn durchlaufen Sie von dort aus leicht die Hauptsterne der weiteren Wintersternbilder: Sirius im Großen Hund, Prokyon im Kleinen Hund, Pollux in den Zwillingen, Kapella im Fuhrmann und Aldebaran im Stier.

Doppelstern Kastor

Hinter diesem Namen verbergen sich gleich sechs Sterne. Das Fernrohr zeigt Kastor bei hoher Vergrößerung doppelt. Beide Sterne bestehen wiederum – für uns nicht erkennbar – aus sich eng umkreisenden Doppelsternen. Ein Paar roter Zwergsterne umrundet das Quartett in weitem Abstand.

Gasnebel Messier 42

Der größte und prächtigste Gasnebel des Nordhimmels. Mit dem bloßen Auge als diffuser Fleck im Schwertgehänge unterhalb der Orion-Gürtelsterne leicht zu finden. Ein Fernglas zeigt den Umriss des hellen Nebels, ein Fernrohr weitere Details und auch ein kleines Sternviereck im hellsten Teils des Nebels – die Trapezsterne.

Sternhaufen Messier 35

Ein großer offener Sternhaufen gegenüber Kastor, am rechten unteren Ende der Zwillinge. Im Fernglas sind bereits erste Sterne erkennbar, ein kleines Fernrohr löst den Haufen in Einzelsterne auf. Große Teleskope ab 20 Zentimeter Öffnung zeigen direkt neben M 35 den kleinen, rund 10-mal weiter entfernten Sternhaufen NGC 2158.

Sternhaufen Messier 41

Ein Schwenk in den Süden führt uns zu Sirius, den hellsten Stern des gesamten Himmels. Senkrecht darunter finden Sie den großen Sternhaufen M 41. Dessen rund 50 Sterne bilden im Fernglas oder bei geringer Fernrohrvergrößerung ein schönes Objekt.

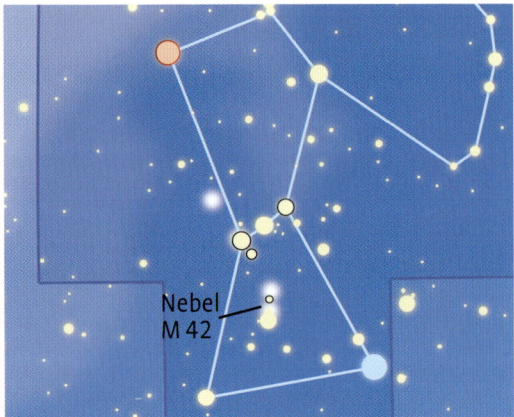
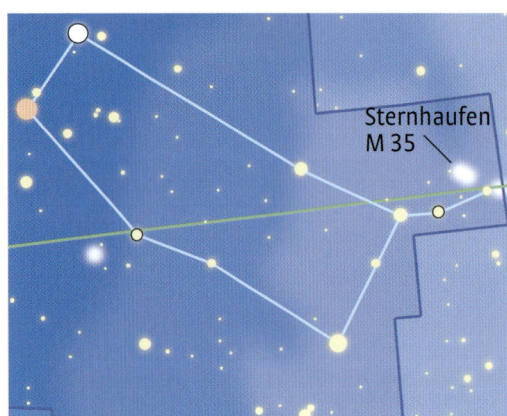
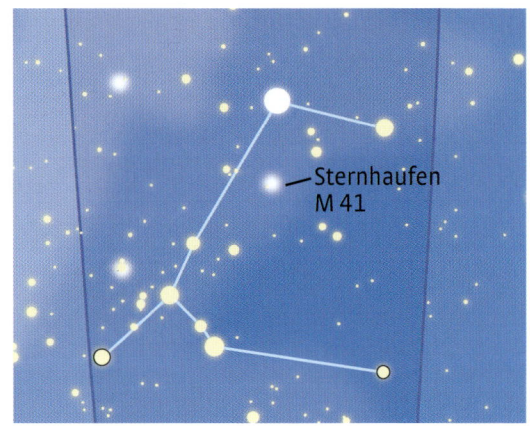

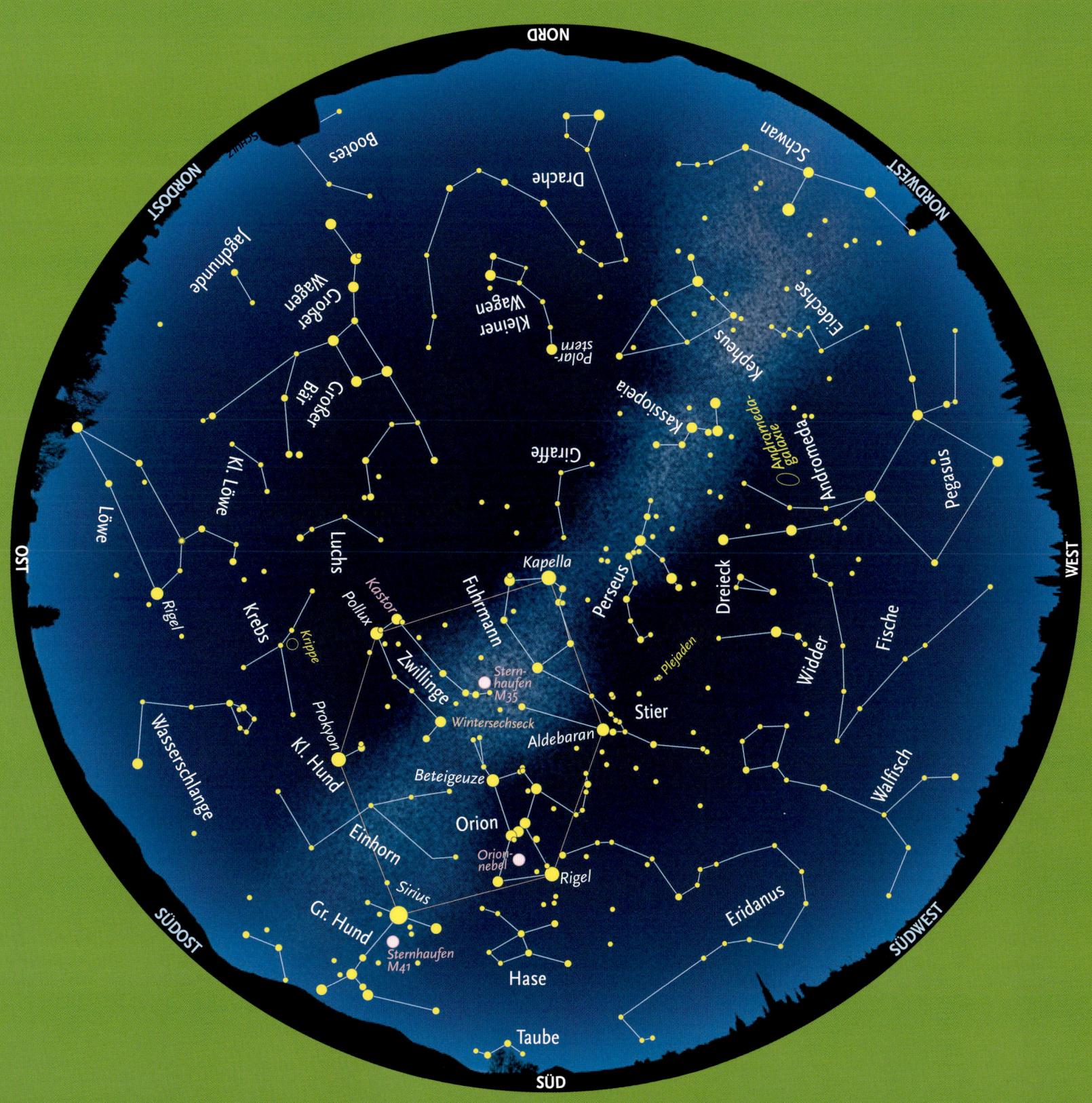

Der Sternenhimmel im Winter

Starparty am Sommerhimmel

Die zweite Sommerhälfte ab Anfang August ist eine schöne Zeit für Himmelsbeobachtungen. Es wird wieder früher dunkel, die Nächte sind aber noch mild und oft klar. Die Abende laden zum gemütlichen Zusammensitzen im Freien ein.

Auf einen Blick

→ *Ein Erlebnis für Ihre Gäste*
Eine kleine Geschichte zur Himmels-Tour oder ein Motto schafft Bindeglieder zwischen den einzelnen Himmelsobjekten.

→ *Erst hell, dann dunkel*
Damit sich die Augen der Gäste an die Dunkelheit gewöhnen, schauen Sie erst Sternbilder an und dann durchs Fernrohr.

→ *Taschenlampe als Fingerzeiger*
Leuchten Sie mit einer starken Taschenlampe zu den Sternen, dann können Ihre Gäste die Blickrichtung gut nachvollziehen.

→ *Besser ohne Mond*
Mondnächte sind sehr romantisch, aber wenn es auf die Pirsch nach Galaxien & Co. gehen soll, wählen Sie besser eine Nacht ohne Mond.

Sternbilder entlang der Milchstraße

Schauen Sie heute Abend nicht nur hoch in den Zenit, sondern nutzen Sie diese klare, dunkle Nacht auch für einen Blick entlang der Milchstraße. Hoch über Ihnen dominiert das Sommerdreieck mit den Sternbildern Leier, Schwan und Adler den Himmel. Der Adler weist Ihnen auch den Weg, den das Band der Milchstraße Richtung Süden nimmt. Die unscheinbaren Sternbilder Schlangenträger und Schlange schließen sich Richtung Süden dem Adler an. Eine besonders helle Milchstraßenwolke markiert das Sternbild Scutum (Schild), bevor das fahle Band zwischen Schütze und Skorpion im Horizontdunst verschwindet.

Einladung zum Himmelskino

Organisieren Sie nach dem Grillabend doch eine echte Starparty. Hinweis vorab an Ihre Gäste: „Bringt eine warme Jacke mit!". Auf der Terrasse oder im Garten richten Sie eine gemütliche Sitzgelegenheit ein (gut sind Liegestühle), das Fernrohr ist neben dran schon aufgestellt. Bitte wählen Sie keine Nacht nahe an der Vollmondzeit. Natürlich ist dieses Licht überaus stimmungsvoll – Sie werden

Tipp vom Sternfreund

→ *Himmlisches Feuerwerk*

Mitte August sind jedes Jahr viele Sternschnuppen zu sehen. Wählen Sie das Wochenende um den 12. August ohne Mond für Ihre „Sternschnuppen-Starparty". Lange aufbleiben lohnt sich: Die meisten Sternschnuppen sieht man nach Mitternacht.

hierbei aber kaum Objekte des Sternenhimmels beobachten können.

Was den Gästen zeigen?

Bald werden die ersten Sterne sichtbar. Zeigen Sie ihren Besuchern die helle Wega im Teleskop und erläutern Sie hierbei den Einblick in das Okular. Nun ist auch die richtige Zeit, um sich am Himmel zu orientieren und die einzelnen Sternbilder zu erkennen.

▼ *Der Sommersternhimmel am späten Abend*

Thema des Abends: Das Leben der Sterne

Bei völliger Dunkelheit begeben Sie sich auf eine Reise durch den Lebenslauf der Sterne. Die Gasnebel M 8 und M 17 (Schütze) zeigen Nebelmassen, in denen Sterne entstehen. In ihrer Jugendzeit stehen sie oft als Sternhaufen zusammen, wie es M 11 im Sternbild Schild zeigt. Ein junger Stern ist zumeist heiß und bläulich wie die Wega in der Leier. Alternde Riesensterne sind rötlich, wie Antares, tief unten am Südhorizont. In seinem Todeskampf wird der aufgeblähte Rote Riese seine äußere Hülle abwerfen und als leuchtenden Gasring im Weltraum zurücklassen: Der Ringnebel Messier 57 in der Leier zeigt dies eindrucksvoll.

Nichts überstürzen

Lassen Sie sich und Ihren Bekannten Zeit bei der Beobachtung. Wer das erste Mal durch ein Fernrohr schaut, muss sich daran noch gewöhnen. Vermeiden Sie beim Beobachten eine helle Beleuchtung im Garten oder einen Besuch im Haus, damit die Dunkeladaption der Augen nicht verloren geht.

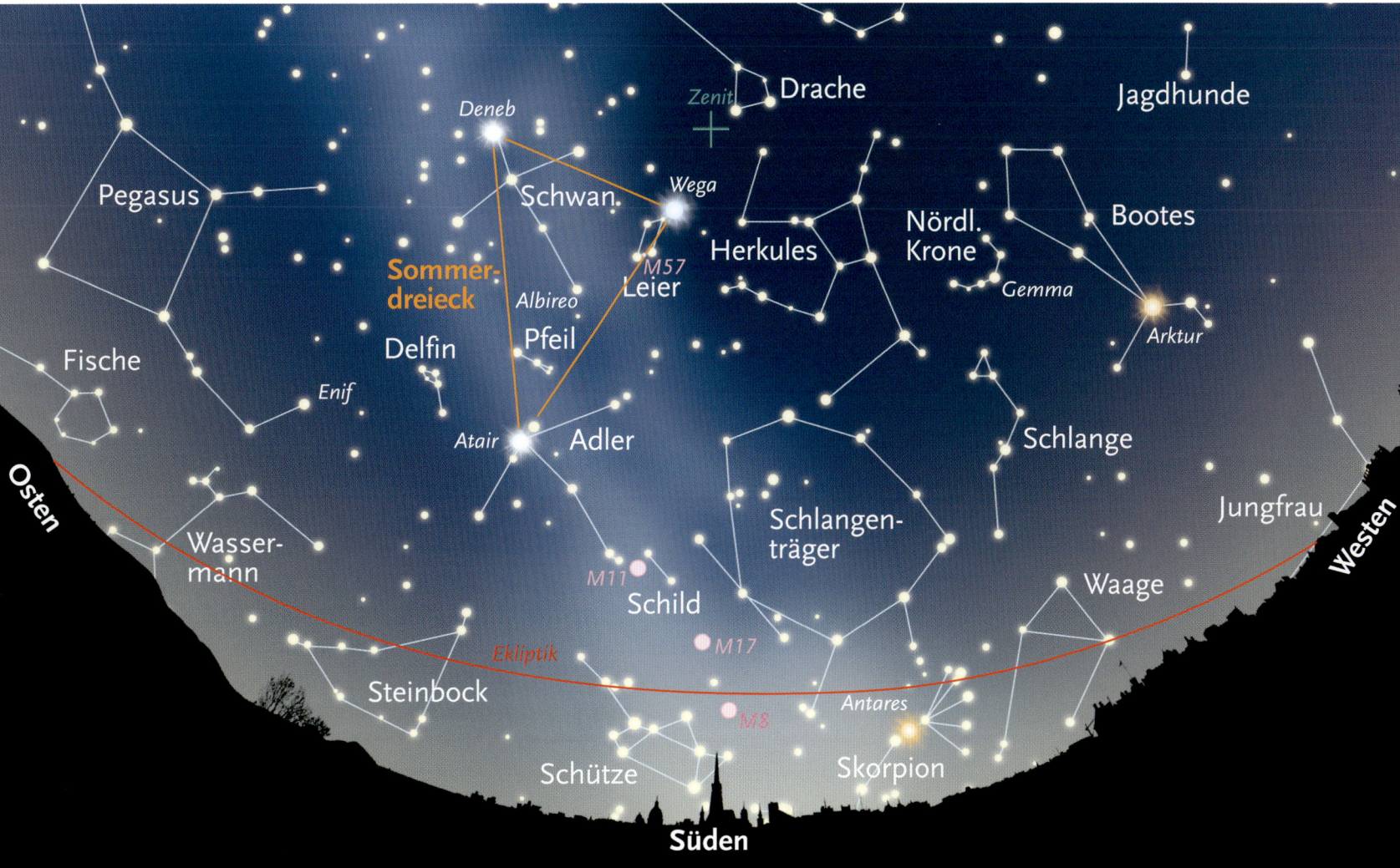

Der Charterflug zum Skorpion

Wer im Sommer am Mittelmeer Urlaub macht, wird beim nächtlichen Blick nach oben die bekannten Sternbilder etwas nach Norden verschoben vorfinden. Dafür sieht man tief im Süden Sternbilder wie den Skorpion oder Schützen sehr viel besser.

Auf einen Blick

→ *Sternbilder am Mittelmeer*
Beim sommerlichen Aufenthalt im Mittelmeer-Raum sind entlang des Südhorizonts besondere Sternbilder beobachtbar.

→ *Stachliger Skorpion*
Der Skorpion mit seinem langen Stachelschwanz ist jetzt in seiner gesamten Ausdehnung zu erkennen.

→ *Weiter im Tierkreis*
Die Sternbilder Schütze, Steinbock oder Wassermann treten deutlicher vom Horizont empor.

→ *Neues im Süden*
Knapp über dem Südhorizont tauchen Sternbilder wie der Südliche Fisch oder die Südliche Krone auf.

→ *Urlaubssterne im Winter*
Das bekannte Sternbild Orion steht sehr viel höher am Himmel als man es von zu Hause gewöhnt ist. Unterhalb von Sirius tauchen aber keine neuen auffälligen Sternbilder auf.

Rechts der Skorpion ...

Der Mittelmeer-Raum ist als klassische Urlaubsregion bereits südlich genug, um das berühmte Sternbild Skorpion in Gänze sichtbar werden zu lassen. Im Südwesten ist der Kopf des Skorpions mit dem hellroten Stern Antares und die Kette der Scherensterne zu sehen. Von Antares ausgehend schwingt sich eine lange Kette von Sternen bogenförmig nach Südosten und als Stachelschwanz wieder empor. Direkt oberhalb des Stachels liegen die zwei hellen Sternhaufen mit den Katalognummern Messier 6 und Messier 7, die bereits mit dem Auge erkennbar sind und ein Leckerbissen fürs Fernglas abgeben.

... links die Teekanne

Teekanne? Während der Skorpion die rechte Kante des hellen Milchstraßenbandes markiert, finden Sie das Sternbild Schütze an dessen linker Kante. Beide markieren damit den Verlauf der Milchstraße Richtung Süden, hinein in den horizontnahen Dunst. Wegen der markanten Form seiner Hauptsterne, die ein längliches Trapez mit aufgesetztem Dreieck bilden, wird es im US-amerikanischen Sprachraum passend Teapot (Teekanne) genannt. Im Schützen finden Sie für Ihr Urlaubsfernglas eine ganze Reihe interessanter Himmelsobjekte. Die Gasnebel mit den Katalogbezeichnungen Messier 8 und Messier 17 sind besonders hell. Der Kugelsternhaufen Messier 22 und der Sternhaufen M 7 sowie eine helle Milchstraßenwolke mit der Bezeichnung Messier 24 laden zum Betrachten ein. Unter dem Schützen entdecken sie vielleicht auch das Halbrund der Südlichen Krone.

Am Horizont entlang nach Osten

Ebenfalls horizontnah hat sich weiter im Südosten der Steinbock breit gemacht. Ihm folgt der gerade im Osten aufgegangene Wassermann. Beide Sternbilder weisen nur schwächere Sterne auf und sind nicht allzu leicht erkennbar. Da sie in Südeuropa aber höher am Himmel stehen als bei uns, sollte man von dort aus die Gelegenheit nutzen, diese schwachen Sternbilder einmal aufzusuchen. Eine Drehbare Sternkarte ist dann sehr nützlich. Rechts unterhalb des Skorpions kann man sogar schon einige Sterne des Sternbildes Wolf und ganz knapp über dem Horizont die nördlichsten Sterne des Zentaurus erkennen.

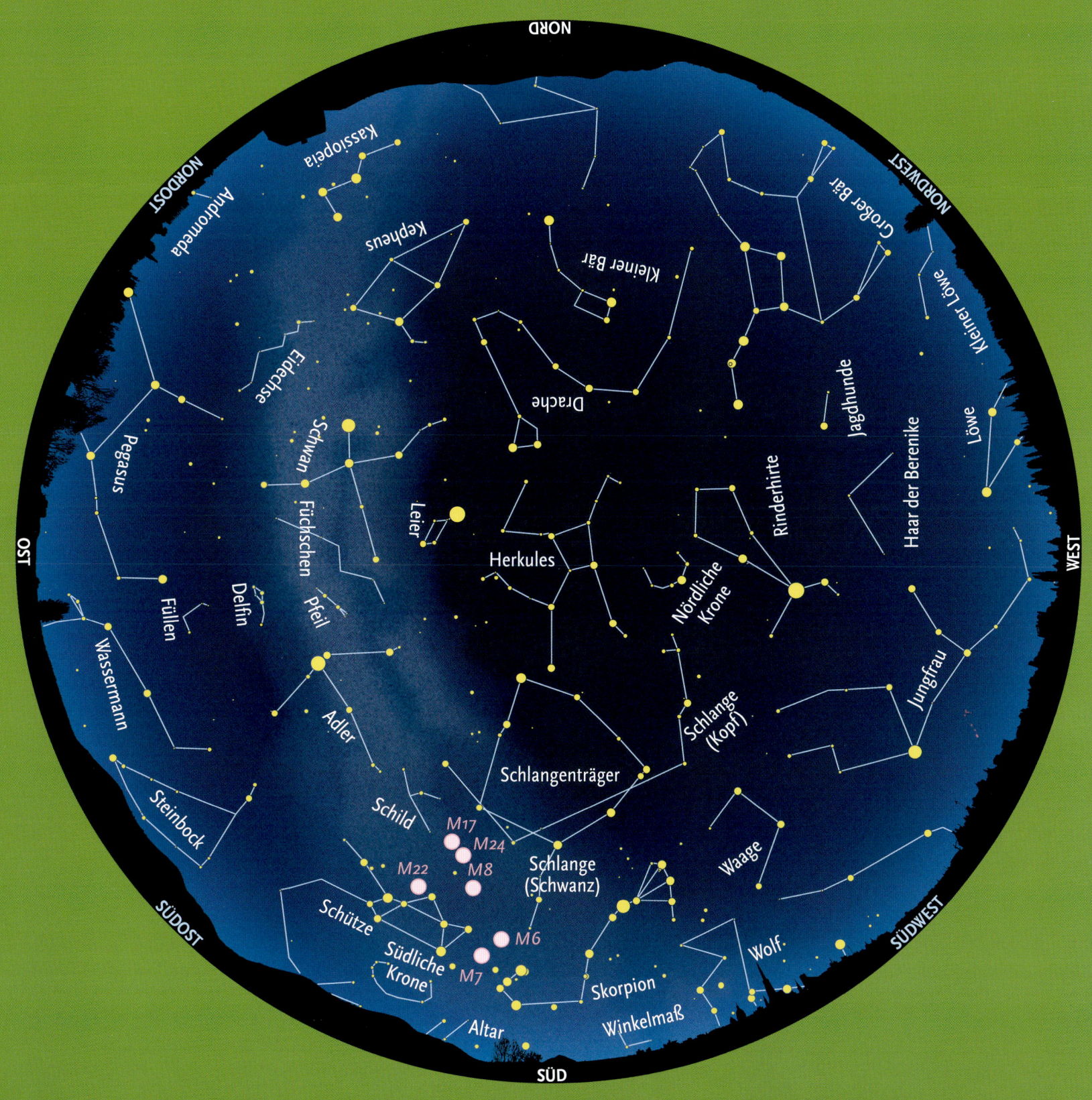

Der Charterflug zum Skorpion 73

Wilde Tiere und fremde Gefilde

Südliches Afrika, Südamerika, Australien – diese Regionen gelten weltweit als die besten Standorte zur Himmelsbeobachtung. Hier wurden große Profi-Sternwarten errichtet, und viele Sternfreunde verbringen ihren Urlaub in diesen Regionen.

Auf einen Blick

→ *Die Pracht der Milchstraße*
Das Zentrum unserer Heimatgalaxie steht für einen Betrachter am Südhimmel hoch am Himmel und erlaubt herrliche Einblicke.

→ *Unbekannte Himmelsregionen*
Die Sternbilder zwischen Altar und Segel mit so bekannten Namen wie Zentaur, Kreuz des Südens und Schiffskiel markieren den Milchstraßenabschnitt zwischen unserem Sommer- und Winterhimmel, der für uns in Mitteleuropa unbeobachtbar bleibt.

→ *Magellansche Wolken*
Zwei große, leicht erkennbare Begleitgalaxien stehen fernab der Milchstraße und zählen zu den Schätzen des Südhimmels.

→ *Astrofarmen in Südafrika*
Einige Farmen in Namibia haben sich auf Astronomie spezialisiert und bieten Teleskope zum Ausleihen an (Adressen siehe Seite 123).

Das Herz der Milchstraße

Das Zentrum der Milchstraße, und damit die hellste und mit zahlreichen Himmelsobjekten übersäte Region, liegt zwischen den Sternbildern Schütze und Skorpion. Mit einem größeren Fernglas und einer guten Detailkarte bewaffnet, vermag der Anblick über Stunden zu fesseln. Bei uns nur knapp über dem Südhorizont stehend, kann man diese Himmelsregion in ihrer Pracht und Detailfülle von der Südhalbkugel aus richtig genießen. Dort stehen Schütze und Skorpion hoch über dem Kopf des Beobachters im Zenit.

Jenseits des Skorpions

Die Sternbilder unterhalb des Skorpionschwanzes (auf der Karte vom Skorpion aus nach rechts unten) bleiben uns hier in Europa für immer verborgen. Dazu gehört der Zentaur mit seinem Hauptstern Alpha Centauri, dem uns am nächsten stehenden Nachbarstern. Direkt anschließend finden Sie das berühmte Kreuz des Südens. Im Sternbild Schiffskiel steht Canopus, nach Sirius der zweithellste Stern des gesamten Himmels. Mit dem Sternbild Segel nähern wir uns wieder heimischen Gefilden in Richtung der Wintersternbilder.

Weitere Highlights des Südhimmels

In den Sternbildern entlang der Milchstraße finden wir viele bemerkenswerte Himmelsobjekte. Im Zentaur steht mit Omega Centauri der größte und hellste Kugelsternhaufen der Milchstraße. Eta Carinae ist einer der mächtigsten Sterne der Milchstraße und wird von einem prächtigen Gasnebel umgeben. Unmittelbar am Kreuz des Südens fällt ein dunkler Fleck im leuchtenden Milchstraßenband auf: Dort steht eine große Dunkelwolke mit dem treffenden Namen Kohlensack.

Auf den Spuren von Magellan

Jenseits der Milchstraße finden Sie in den Sternbildern Schwertfisch und Tukan zwei weitere Sternwolken: die Große und die Kleine Magellansche Wolke (in der Karte „GMW" und „KMW"). Benannt nach dem berühmten Seefahrer Ferdinand Magellan, fällt unser Blick hier auf zwei eng benachbarte Galaxien, eigenständige Sternsysteme, die einem Mond gleich unsere wesentlich größere Milchstraße umkreisen. Sie bergen viele Gasnebel und Sternhaufen, wie den berühmten Tarantelnebel in der Großen Magellanschen Wolke.

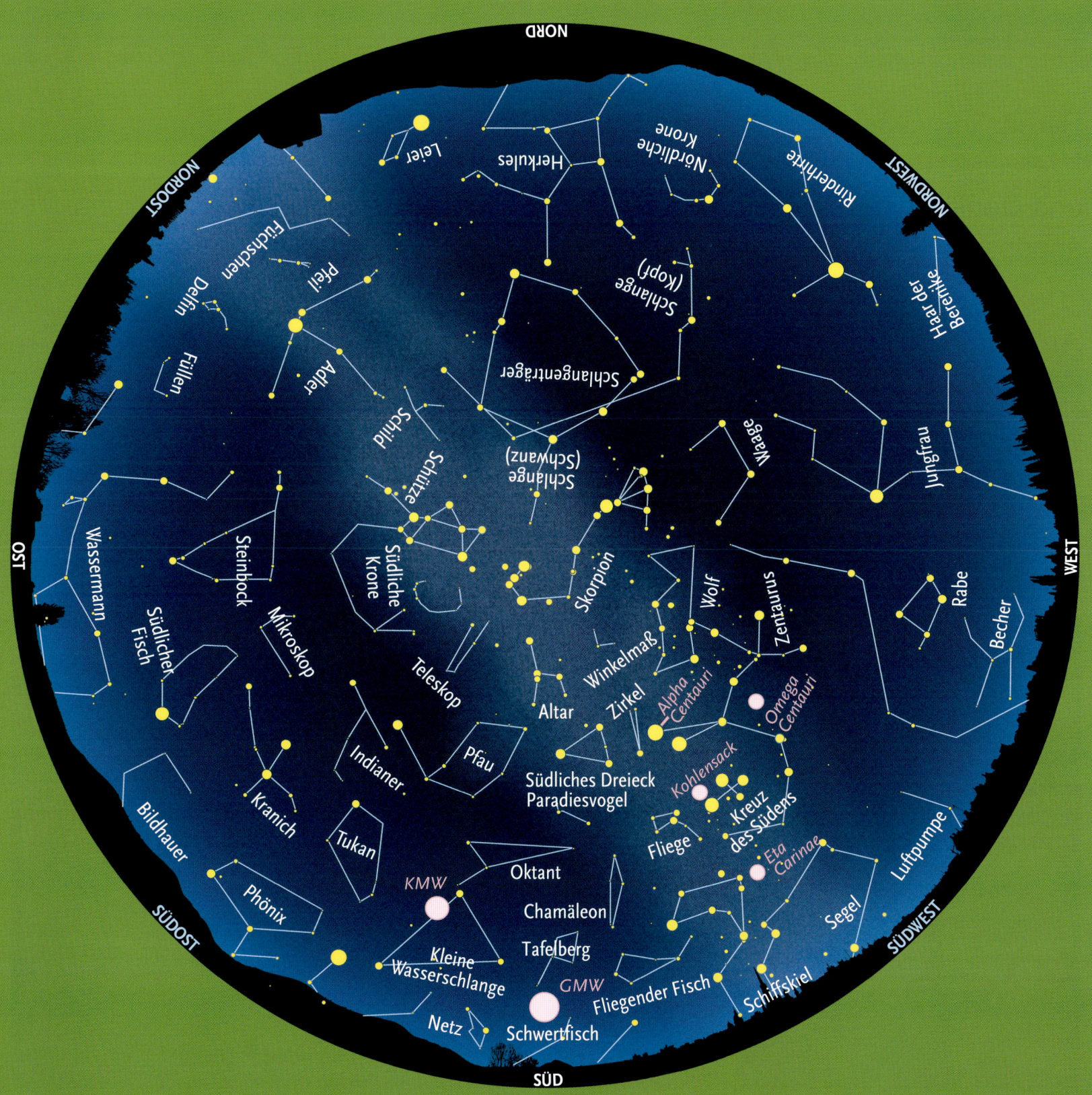

Wilde Tiere und fremde Gefilde 75

Ein Hobby für die ganze Familie

Bereits im Vorschul- und Grundschulalter haben Kinder ein ausgeprägtes Interesse an vielen astronomischen Themen. Da sich Wahrnehmung und Denkstrukturen in diesen Jahren stark wandeln, ist aber auf eine stets angepasste Darbietungsform zu achten.

Auf einen Blick

→ *Begeisterung bei Kindern wecken*
Kinder können sich schon im Vorschulalter für Astronomisches interessieren. Die dargebotenen Themen sollten aber genau auf das Alter abgestimmt sein.

→ *Übung macht den Meister*
Der Einblick in das Teleskop und die Erreichbarkeit des Okularauszugs sollten beim Beobachten mit Kindern ausreichend berücksichtigt werden.

→ *Was beobachten?*
Mit dem Mond und den hellen Planeten Venus, Jupiter oder Saturn liegen Sie immer richtig. Bei Deep-Sky-Objekten sollten Sie sich auf helle Sterne und Sternhaufen beschränken.

Den Kosmos erklären

Im Kindergartenalter steht die phänomenologische Darstellung im Vordergrund. Die Konstellation von Sonne, Erde und Mond lässt sich beispielsweise vermitteln, der Aufbau des Sonnensystems ist dagegen erst im Grundschulalter sinnvoll. Die Wahrnehmung wird durch eigenes Handeln des Kindes vertieft. Den Mond nach dem Blick durch das Fernrohr zu malen oder die Kraterbildung im Sandkasten nachzuvollziehen, verankert das Wissen deutlich besser. Der Sternenhimmel sollte mit einer selbstgebauten Sternkarte betrachtet werden. Sehr beliebt ist auch das Basteln des Sonnensystems nach Bildvorlagen, indem passende Styroporkugeln bemalt werden.

▼ *Aus der riesigen Styroporkugel entsteht mit viel Spaß und Dispersionsfarbe in einer Grundschule der klasseneigene Jupiter.*

◀ Oben: Nach einem Vortrag über das Sonnensystem haben Grundschüler die vier äußeren Gasplaneten gemalt.

Kinder am Fernrohr

Kinder interessieren sich sehr für Teleskope und ihre Wirkung. Daher ist es sinnvoll, das Fernrohr und seine Funktionsweise mit passenden Vergleichen aus der Alltagserlebniswelt zu erläutern. Bei Tage fällt es auch leichter, den Einblick zu üben. Vor allem die korrekte Kopfhaltung, um das Auge am Okulareinblick zu positionieren, erscheint für viele Kinder schwierig. Beim Beobachten sollten Sie niedrige Vergrößerungen und helle Himmelsobjekte bevorzugen. Damit auch die Kleinsten in das Fernrohr blicken können, dürfen Sie eine stabile Trittleiter mit Handgriff nicht vergessen.

▼ Abendliche Himmelsbeobachtung für Kinder und Eltern auf dem Schulhof ist ein echtes „Highlight" für junge Astronomen.

Sinnvolle Himmelsobjekte

Das klassische Himmelsobjekt für Kinder ist der Mond mit seiner beeindruckenden Kraterlandschaft. Die Sonne mit ihren Flecken wird ebenfalls wahrgenommen, ist aber recht abstrakt zu erläutern, wenn es wissenschaftlich korrekt sein soll. Die Planeten Venus („kleiner Mond" wegen Sichelform), Jupiter (Monde und Wolkenbänder) und Saturn (Ring und Mond Titan) sind gleichfalls sehr empfehlenswerte Angebote. Im Bereich der Sternenwelt sollten Sie sich auf helle Einzelsterne, helle, farblich besonders interessante Doppelsterne (Albireo, Gamma Leonis, Gamma Andromedae) und auf sehr helle Sternhaufen bei niedriger Vergrößerung (Messier 11, Messier 35 oder h & χ im Perseus) beschränken. Bei den Gasnebeln ist einzig der Orion-Nebel sinnvoll. Galaxien sollten Sie vermeiden.

Nachgefragt

→ *Dem Kind ein Fernrohr kaufen?*

Erste Erfahrungen sollte ein Kind mit dem bloßen Auge, einem kleinen Fernglas oder am Teleskop der benachbarten Volkssternwarte sammeln. Hat sich in einem Alter von 12 bis 14 Jahren das Interesse an der Astronomie gefestigt, kann der Kauf eines Einsteigerteleskops sinnvoll sein. Sehr preiswerte Geräte unter 100 Euro sind aber nur Spielzeug.

Ein Hobby für die ganze Familie

Schnappschüsse am Sternenhimmel

Nächtliche Stimmungsfotos
Dank Digitalkamera ganz einfach: Schöne Dämmerungsbilder

Sterne hinterlassen Spuren
Bewegliche Fixsterne: So wird das Foto zum Hingucker

Echt scharfe Sterne
Auf den Punkt gebracht: Die Kamera folgt der Himmelsdrehung

Mond und Planeten im Fokus
Fotos mit dem Fernrohr: Geht schneller als man denkt

Planeten als Filmstars
Wunderwerkzeug WebCam: Filmen statt knipsen

Nächtliche Stimmungsfotos

Wer etwas Schönes erlebt oder sieht, möchte auch Fotos davon machen. Eine Spezialausrüstung für Stimmungsfotos des Sternenhimmels ist nicht notwendig. Sie werden staunen, was Ihre Kamera im Vergleich zum Auge alles „sieht".

Auf einen Blick

→ *Stativ benutzen*
Wenn der Himmel nach Sonnenuntergang dunkler wird, muss länger belichtet werden. Dann drohen verwackelte Bilder. Daher ist es sinnvoll, die Kamera auf einem Stativ zu befestigen.

→ *Besser mit Horizont*
Fotos, auf denen neben dem Himmel und den Sternen ein Teil der Landschaft zu sehen ist, wirken besonders stimmungsvoll. Wunderbar sind schöne Bäume oder ein beleuchtetes Gebäude im Vordergrund.

→ *Kamera auf „unendlich"*
Bei Tageslicht stellt die Kamera mit dem Autofokus scharf, der aber bei Sternen und Planeten versagt. Daher besser manuell am Objektiv auf unendlich einstellen.

Weniger Licht braucht mehr Zeit

Der große Unterschied zwischen „normalen" Fotos und Aufnahmen des Sternenhimmels ist die Aufnahmezeit: Was sonst mit einem „Klick" erledigt ist, dauert für den Nachthimmel mindestens einige Sekunden. Daher wird die Kamera auf einem Fotostativ befestigt oder zumindest auf den Tisch oder ein Autodach gelegt. Hilfreich ist auch ein Fernauslöser; am Anfang können Sie auch den Selbstauslöser der Kamera benutzen. Bei Objektiven mit Bildstabilisator muss dieser ausgeschaltet werden.

Himmelsfotos für Einsteiger

Für Ihre ersten Aufnahmen sind Motive in der Dämmerung ideal geeignet. Das

▼ *Gegen verwackelte Bilder bei längeren Belichtungszeiten hilft ein Stativ. Selbst ein kleines ist besser als gar keines.*

▼ *Für die Kamera sind alle astronomischen Objekte am Himmel „unendlich" weit entfernt. Eine „liegende Acht" kennzeichnet bei manchen Objektiven den Fokuspunkt dafür.*

▲ Mond und Planeten am Abendhimmel bedeuten Fotoalarm! Die Mondsichel in den Wolken buhlt mit Venus (links) und Jupiter (rechts) um die Aufmerksamkeit.

Tipp vom Sternfreund
→ *Blitzen erlaubt*

Das Blitzlicht wird die Himmelskörper nicht aufhellen, wohl aber den nahen Vordergrund beleuchten. Gut funktioniert auch eine Taschenlampe, die während der sekundenlangen Belichtungszeit Ihre Umgebung etwas aufhellen kann.

▼ Die helle Venus bildet mit dem Sternhaufen der Plejaden ein nettes Duo. Das ist schon eine sehenswerte Konstellation, doch erst durch einen geeigneten Vordergrund entsteht daraus ein stimmungsvolles Foto.

Blau des Himmels ist noch erkennbar, die ersten Sterne und Planeten werden sichtbar. Sehr schön ist auch die schmale Mondsichel ein paar Tage nach Neumond. Im Idealfall sind außer dem Mond auch noch ein oder mehrere Planeten mit von der Partie. Am besten finden Sie sich schon vor Dämmerungsbeginn am ausgesuchten Standort ein, dann können Sie in aller Ruhe nach der besten Perspektive Ausschau halten. Um die richtige Belichtungszeit zu erwischen, machen Sie einfach mehrere, unterschiedlich lange Aufnahmen.

Alles eine Sache der Einstellung

Über die Belichtung von Astrofotos in der Dämmerung brauchen Sie sich keine großen Sorgen zu machen, die erledigt die Belichtungsautomatik der Kamera in den meisten Fällen zuverlässig. Man kann auch Aufnahmeserien machen und dabei unter- oder überbelichten – Digitalfotos kosten ja nichts. Auch die Einstellung der Empfindlichkeit („ISO-Wert") überlassen Sie der Kamera. Für Ambitionierte: Ein hoher ISO-Wert erlaubt zwar kürzere Belichtungszeiten, hat aber einen Anstieg des elektronischen Bildrauschens zur Folge. Der Weißabgleich der Kamera bleibt auf „Tageslicht" eingestellt.

PraxisTipp
→ *Personen im Bild*

Packen Sie ruhig auch einmal Ihre Mitbeobachter mit aufs Foto. Ist niemand greifbar oder willig, können Sie diese Rolle auch selbst übernehmen – mit Selbstauslöser.

Nächtliche Stimmungsfotos **81**

Sterne hinterlassen Spuren

Wer den Sternenhimmel länger als einige Sekunden belichtet, wird Striche statt Sterne sehen. Schuld ist die Rotation der Erde. Aber man kann das auch ausnutzen und wunderbare „Strichspuraufnahmen" machen.

Auf einen Blick

→ *Aufnahmeserie und Geduld*
Um spektakuläre Strichspuraufnahmen von Sternen zu machen, werden viele, relativ kurz belichtete Einzelaufnahmen gemacht. Diese werden später durch eine Software „zusammengerechnet".

→ *Die Kamera darf sich nicht bewegen*
Alle Aufnahmen der Serie müssen exakt den gleichen Ausschnitt zeigen. Daher gehört die Kamera auf ein stabiles Fotostativ.

→ *Pausenlos fotografieren*
Um möglichst gleichmäßige Strichspuren ohne Unterbrechungen zu erhalten, müssen die Einzelaufnahmen unmittelbar hintereinander, also ohne Pausen dazwischen, entstehen.

→ *Sternbilder im Portrait*
Mit Weitwinkel- oder Normalobjektiv lassen sich Sternbilder prima im Bild festhalten.

Im Norden nichts Neues
Die „klassische" Strichspuraufnahme zeigt die Region um den Himmelsnordpol, also den Polarstern. Dann ist der Dreh- und Angelpunkt, um den alle Sterne ihre Bahnen drehen, auf dem Foto zu sehen. Lohnend sind aber auch alle anderen Himmelsrichtungen! Im Nordosten und Nordwesten ergeben sich steil zum Horizont ausgerichtete Sternbahnen, im Süden kleine Bögen über dem Horizont.

Weitwinkel benutzen
Um ein großes Gesichtsfeld zu erfassen, verwenden Sie am besten ein Weitwinkel-Objektiv oder zoomen in den Weitwinkel-Bereich. Am schönsten sehen Strichspuraufnahmen aus, wenn auch irdische Vordergrundobjekte auf dem Bild zu sehen sind.

Dunkelheit abwarten
Starten Sie Ihre Belichtungsserie erst, wenn es richtig dunkel geworden ist. Wenn der Mond am Himmel steht, schadet er der Aufnahme nicht. Im Gegenteil: Sein Licht lässt Einzelheiten der Landschaft erkennbar werden.

Kamera fit machen
Die Belichtungsautomatik ist für Strichspuraufnahmen nicht nutzbar. Stellen Sie um auf manuelle Belichtung und wählen Sie die längste der einstellbaren Belichtungszeiten, etwa 30 Sekunden. Außerdem ist die Serienbildfunktion wichtig, so dass die Kamera bei gedrücktem Auslöser ein Foto nach dem nächs-

▶ *Mithilfe eines Kabel- oder Funkauslösers können Sie Fotos machen ohne die Kamera zu berühren. Verwackelte Fotos werden so vermieden.*

▲ Vollautomatisch berechnet die Software „Startrails" aus einer Bilderserie die fertige Strichspuraufnahme.

▶ Ein wahrer „Sternenregen" entstand durch die Kombination von hundert Strichspurfotos mit je einer Minute Belichtungszeit.

ten aufnimmt. Um den Auslöser nicht mit dem Finger die ganze Zeit zu betätigen, ist ein Kabelauslöser mit feststellbarem Auslöseknopf ideal.

Fotografieren, was das Zeug hält

Nach einer Probebelichtung machen Sie ohne Pause zwischen den Auslösungen so viele Aufnahmen wie möglich. Mindestens eine halbe Stunde lang sollten Sie durchhalten, damit die Strichspuren lang genug werden.

PraxisTipp

→ *Schöne bunte Sterne*

Fotos von Sternbildern sehen noch besser aus, wenn ein leichter Weichzeichnungsfilter vor dem Objektiv sitzt. Er bewirkt, dass helle Sterne größer und in ihren echten Farben abgebildet werden – wie hier rechts.

Der PC erledigt den Rest

Nun kommt der PC zum Einsatz, der aus Ihren vielen Fotos eine Strichspuraufnahme erstellt. Laden Sie einfach die Freeware „Startrails" von der Webseite *www.startrails.de* herunter. Die Bedienung ist kinderleicht und selbst erklärend. Erst öffnen Sie alle Einzelfotos und wählen dann den Befehl „Erstellen/Strichspuren". Das ist alles. Nun können Sie zuschauen, wie die Spuren der Sterne lang und länger werden!

Sternbilder fotografieren

Eine andere reizvolle Sache ist die Erstellung eines eigenen Sternbild-Atlanten. Beginnen Sie mit den schönsten Sternbildern, die Sie gut kennen. Zoomen Sie, bis das Sternbild Ihrer Wahl aufs Bild passt. Dann belichten Sie mindestens einige Sekunden lang, während die Kamera auf einem Stativ steht. Auf den Fotos sind viel mehr Sterne zu sehen als mit dem bloßen Auge!

Sterne hinterlassen Spuren 83

Echt scharfe Sterne

Um lang belichtete Astrofotos von Sternbildern, der Milchstraße oder sogar Galaxien zu machen, muss die Kamera dem Lauf der Sterne folgen. Das geht einfach mit der Teleskop-Montierung.

Auf einen Blick

→ *Lichtschwache Objekte*
Je länger ein Himmelsfoto belichtet wird, desto mehr Objekte tauchen auf dem Bild auf. So erwischen Sie auch lichtschwache Nebel und Galaxien.

→ *Das Fernrohr ist arbeitslos*
Das Teleskop an sich wird gar nicht benötigt, denn als Aufnahmeoptik dient das normale Kameraobjektiv. Stören tut es aber auch nicht, denn die Montierung kann Kamera und Fernrohr gleichzeitig tragen.

→ *Kamera folgt den Sternen*
Wird die Kamera auf einer Montierung befestigt, folgt sie motorisch den Sternen. Astrofotos können so länger belichtet werden, ohne dass die Sterne strichförmig werden.

→ *Kontrolle ist besser*
Mit einem „Fadenkreuzokular" im Teleskop prüft man die Nachführgenauigkeit und regelt bei Bedarf nach.

Kamera reitet auf Montierung

Für die Befestigung der Kamera auf einer Montierung gibt es Zubehör im Teleskopfachhandel. Ein zusätzlicher Kugelkopf ist gut, um den besten Bildausschnitt am Himmel zu finden. Bringen Sie die Kamera an einer Stelle der Montierung an (z. B. huckepack auf dem Fernrohr), die auch tatsächlich bewegt wird. Durch das Gewicht der Kamera müssen die Gewichte an der Montierung weiter heraus geschoben werden.

Himmel, nichts als Himmel

Bei nachgeführten Astroaufnahmen sollten der Horizont und andere erdgebundene Objekte nicht im Bildfeld sein. Sie können wegen der langen Belichtungszeit und der bewegten Kamera ohnehin nicht scharf abgebildet werden.

Und sie bewegt sich doch

Die motorische Nachführung der Montierung während den Aufnahmen werden Sie nicht direkt sehen können, dazu bewegt sie sich zu langsam. Zur Kontrolle der Genauigkeit benutzt man ein „Fadenkreuzokular" im Fernrohr (hellen Stern auf Fadenkreuzmitte einstellen und bei Abweichung während der Aufnahme mit Steuergerät korrigieren).

Erst Weitwinkel, dann Tele

Wählen Sie für Ihre ersten Aufnahmen mit dieser Technik ein Weitwinkel-

▶ *Die Kamera wird auf dem Teleskop befestigt; das Teleskop dient zur Nachführkontrolle.*

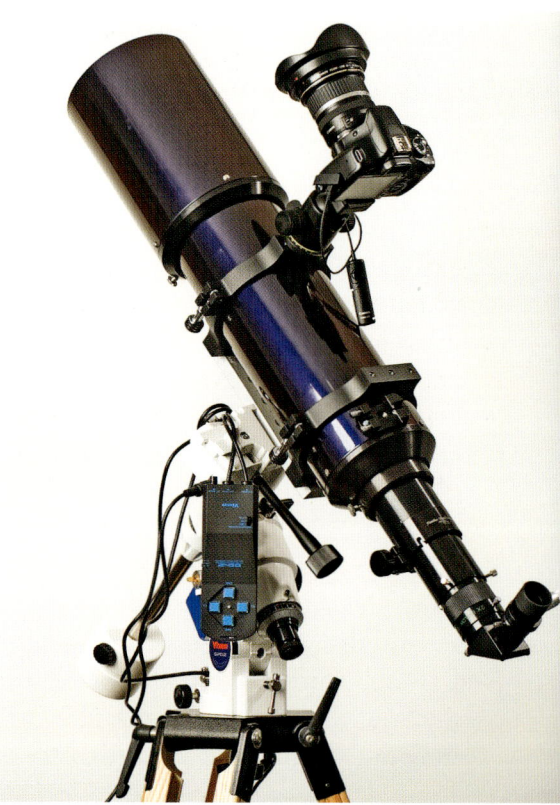

▲ Ein Teleobjektiv mit nur 135 Millimeter Brennweite genügt, um dieses Portrait der Andromeda-Galaxie aufzunehmen. Während der Belichtungszeit wurde die Nachführung kontrolliert. Ein Okular mit Doppelfadenkreuz mit einem Stern in der Mitte (rechts oben) zeigt jede Abweichung an.

Objektiv oder zoomen Sie an den unteren Anschlag, um ein größeres Himmelsareal zu erfassen. Mit etwas Übung können Sie sich dann zu Telebrennweiten vorwagen, um kleinere Himmelsobjekte ins Visier zu nehmen. Je länger die Brennweite ist, desto genauer müssen Sie die Nachführung wie oben beschrieben kontrollieren.

Manuell ist besser

Besser als die Belichtungsautomatik ist die manuelle Einstellung der Belichtung. Mittlere ISO-Werte und große Blendenöffnungen (kleine Blendenzahl) sind goldrichtig. Dann muss nur noch die Belichtungszeit auf „B" für beliebig lange Belichtungen gewählt werden. Dadurch bleibt der Verschluss so lange offen, wie der Auslöseknopf (mit einem Kabelauslöser) gedrückt bleibt. Wenn Ihre Kamera kein „B" hat, verwenden Sie einfach die längste einstellbare Belichtungszeit.

Gestochen scharfe Sterne

Wichtig für scharfe Himmelsfotos ist die richtige Fokussierung. Meistens funktioniert der Autofokus an Sternen nicht. Verwenden Sie einfach die Lichter einer weit entfernten Stadt als Ersatzobjekt zum Scharfstellen. Oder benutzen Sie das Display der Kamera als Sucher, zoomen zur höchsten Vergrößerungsstufe und stellen dann manuell die beste Schärfe an einem hellen Stern ein. Kann man das Objektiv manuell scharf stellen, dann drehen Sie den Objektivring auf die Position der „liegenden Acht".

Kein Mangel an Motiven

Mit der nachgeführten Kamera können Sie das silbrig glänzende Band der Milchstraße und die Sternbilder fotografieren, wobei helle Deep-Sky-Objekte bereits zu erkennen sind. Mit Teleobjektiven lassen sich sogar größere Sternhaufen, Nebel und Galaxien in voller Pracht ablichten.

PraxisTipp

→ *Nicht zu lange belichten*

Mit der Belichtungszeit müssen Sie es nicht übertreiben. Bereits nach wenigen Minuten wird nämlich der Himmelshintergrund hell und das elektronische Bildrauschen nimmt zu. Machen Sie dann besser mehrere, kurz belichtete Aufnahmen und addieren diese später per Software.

Mond und Planeten im Fokus

Fotografiert die Kamera durch das Fernrohr, dann kann man sogar Krater auf dem Mond und Einzelheiten auf den Planeten aufnehmen. Mit der Digitalkamera ist das kein Hexenwerk.

Auf einen Blick

→ *Nur durchs Fernrohr*
Der Mond und insbesondere die Planeten müssen stark vergrößert werden, damit man etwas erkennt. Ein normales Tele(zoom) reicht da nicht mehr aus.

→ *Freihandaufnahmen*
Wenn der Mond im Okular eines Fernrohrs eingestellt ist, kann eine Digitalkamera im Handumdrehen den Anblick festhalten. So macht die Himmelsfotografie Spaß.

→ *Kamera sucht Anschluss*
Noch etwas besser werden die Resultate, wenn die Kamera fest mit dem Teleskop verbunden wird. Für den Anschluss sind spezielle Adapter notwendig.

→ *Riesige Vergrößerung*
Für Planetenfotos bedient man sich der Technik der „Okularprojektion": Ein Okular im Fotoadapter vervielfacht die Brennweite des Teleskops.

Mond mit Automatik

Ist der Mond im Okular eines Teleskops schön zu sehen, können Sie einfach Ihre Digitalkamera hinter das Okular halten und abdrücken. Nähern Sie sich mit der Frontlinse des Kameraobjektivs vorsichtig der Okularlinse, ohne sie zu berühren. Zoomen Sie mit der Kamera so, dass der Mond möglichst groß auf dem Bild erscheint. Dann können Sie sogar den vollautomatischen Modus der Kamera benutzen, um sehenswerte Fotos zu schießen. Funktioniert auch mit der Handy-Kamera!

Fester Halt für Kompaktkameras

Komfortabler als das Knipsen aus freier Hand sind Halterungen für Kompaktkameras. Damit können Sie Ihre Kamera stabil hinter dem Okular anbringen.

Fernrohr als Teleobjektiv

Haben Sie eine digitale Spiegelreflexkamera, dann können Sie diese direkt an das Fernrohr anschließen. Dazu wird das Kameraobjektiv abgenommen und durch einen passenden Fernrohradapter ersetzt. Mit diesem Adapter passt die Kamera ans Teleskop, ein Okular ist nicht nötig – so wird das Teleskop zum Teleobjektiv.

Scharf, schärfer, am schärfsten

Die Einstellung der besten Schärfe braucht Fingerspitzengefühl. Der Autofokus steht nicht mehr zur Verfügung, so dass am Okularauszug des Fernrohrs scharf gestellt wird. Der Sucher der Spiegelreflexkamera zeigt die Bildschärfe in etwa an. Noch besser und genauer ist es, wenn Sie das Bild auf dem Display der

▼ *Freihändige Schnappschüsse sind nur von hellen Himmelsobjekten erfolgversprechend. Schöne Mondfotos gelingen auf diese Weise mit geringem Aufwand.*

▲ *Wird eine Spiegelreflexkamera an ein Teleskop angeschlossen, wird das Fernrohr zu einem Super-Teleobjektiv.*

Kamera „Live" betrachten können. Oder machen Sie Probeaufnahmen und wählen jene mit der besten Schärfe aus.

Bitte nicht berühren!

Das Drücken des Auslösers an der Kamera würde zu unscharfen Bildern durch Verwacklung führen. Ein Kabel- oder Funkauslöser ist die Lösung, notfalls auch der Selbstauslöser. Kann Ihre Spiegelreflexkamera den Spiegel vor der Aufnahme arretieren, dann schalten Sie diese Funktion ein.

PraxisTipp

→ Viele Bilder machen

Die Luftunruhe ist der Grund dafür, dass beim Fotografieren mit starken Telebrennweiten nicht alle Bilder gleich scharf werden. Drücken Sie daher den Auslöseknopf ruhig öfter und fischen dann später am Computer aus der Serie das schärfste Einzelbild heraus.

Noch näher ran

Um den Mond noch größer in Szene zu setzen, können Sie die Telewirkung des Teleskops steigern, wenn Sie einen Telekonverter zwischen Teleskop und Kamera einsetzen. Für richtig starke Vergrößerungen gibt es Adapter, in die man ein Okular einsetzen kann. Sogar „Nahaufnahmen" einzelner Mondkrater gelingen auf diese Weise.

Halb ist besser als voll

Fotos vom Vollmond zeigen die Krater und Gebirge nur schemenhaft. Eindrucksvoller sind Aufnahmen bei Halbmond, wo durch schräg einfallendes Licht an der Grenze von Hell zu Dunkel das Mondrelief plastisch hervorsticht.

Planeten im Visier

Die Planeten sind im Vergleich zum Mond sehr kleine Objekte am Himmel. Hohe Vergrößerungen mit dem Okularadapter sind daher angesagt.

Trotzdem werden sie auf den Fotos relativ klein erscheinen, was die Belichtungsautomatik der Kameras meist überfordert. Notfalls muss auf manuelle Belichtungseinstellung umgeschaltet und die

▼ *Der Mond ist in allen Phasen ein dankbares Motiv für Fotos durch ein Fernrohr.*

▲ *In diesem Adapter ist ein Okular untergebracht, um die Telewirkung weiter zu steigern.*

richtige Belichtungszeit durch mehrere Testaufnahmen ausprobiert werden.

Venus und Jupiter als Einstieg

Versuchen Sie zunächst einmal, die Phasen der Venus und die beiden Hauptwolkenbänder von Jupiter zu fotografieren. Wenn diese Planeten hoch am Himmel stehen, sind sie hell genug, um mit relativ kurzen Belichtungszeiten auszukommen. Saturn ist deutlich lichtschwächer, Mars und Merkur sind kleiner als diese beiden.

▼ *Die Planeten sind so winzig am Himmel, dass hohe Vergrößerungen benutzt werden müssen.*

Planeten als Filmstars

Die Revolution für Planetenfotos: Filmen mit der WebCam!
Sie ersetzt das Fernrohrokular, und dank kostenloser Software
kann jeder im Handumdrehen tolle Planetenbilder machen.

Auf einen Blick

→ *Film statt Foto*
Schärfer als ein Einzelfoto ist das Ergebnis eines Films. Aus den zahllosen Einzelbildern des Films errechnet spezielle Software ein scharfes Summenbild.

→ *Einsatz für die WebCam*
Eine preiswerte WebCam ist für Planetenvideos sehr gut geeignet. Dass ihr Aufnahmesensor winzig klein ist, stört dabei nicht. Einzig das Einstellen des Planeten auf den Chip verlangt etwas Fingerspitzengefühl.

→ *Kostenlose Software*
Die Programme zur Verarbeitung der Videoaufzeichnung gibt's kostenlos im Internet. Etabliert haben sich „Giotto" und „Registax".

→ *Speicherplatz ist Pflicht*
Die von der WebCam aufgenommenen Videos werden mehrere Hundert Megabyte groß – sorgen Sie vorher für genügend Platz auf der Festplatte.

WebCam startklar machen
Das eingebaute Objektiv der WebCam wird nicht benötigt. Wenn einfaches Herausschrauben nicht geht, hilft sanfte Gewalt mit einem Teppichmesser. Statt des Objektivs wird ein Fernrohradapter in die Kamera geschraubt, der wiederum in den Okularauszug des Fernrohrs passt.

Ziel anvisieren
Zuerst richten Sie Ihr Fernrohr mit einem Okular auf den Planeten. Dann stellen Sie das Bild scharf und positionieren den Planeten exakt in die Mitte des Gesichtsfeldes. Nun nehmen Sie das Okular heraus und stecken stattdessen die WebCam in den Okularauszug.

Jetzt geht's los
Starten Sie die mit der WebCam gelieferte Software, um auf dem Bildschirm des Computers ein Livebild zu sehen. Stellen Sie die Belichtungssteuerung der Kamera auf manuell. Nun wird der Planet zumindest als unscharfer Klecks auftauchen. Die Scharfeinstellung am Fernrohr ist ein Kinderspiel, wenn Sie dabei das Livebild im Auge behalten. Verändern Sie die Belichtungszeit, die Helligkeit, den Kontrast und die Farbgebung so lange, bis Ihnen das Ergebnis zusagt.

Achtung Aufnahme!
Wenn alles passt, starten Sie die Aufnahme des ersten Videos im AVI-Format. Eine Bildwiederholungsrate von zehn Bildern pro Sekunde ist ein guter Wert, um ein Video mit einer maximalen Länge von etwa drei Minuten aufzunehmen. Behal-

◄ *Statt eines Okulars findet die WebCam im Auszug des Teleskops Platz. Auf dem Laptop sehen Sie dann das Live-Video des Planeten.*

PraxisTipp

→ Gute Planetennacht

Für scharfe Planetenvideos ist eine Nacht optimal, in der die Luftunruhe gering ist und das Planetenbild nicht ständig hin und her tanzt. Manchmal ist das sogar bei leicht diesigem Wetter der Fall.

ten Sie den Planeten während der Aufnahme im Blick und achten Sie darauf, dass er nicht aus dem Bildfeld herauswandert.

Film ab!

Nach dem Ende der Aufnahme können Sie die entstandene AVI-Datei auf dem Rechner anschauen. In drei Minuten, also 180 Sekunden, sind bei zehn Bildern pro Sekunde 1800 Einzelfotos des Planeten entstanden.

Und nun ins Filmstudio

Um aus dem Video ein scharfes Einzelbild zu berechnen, müssen die schärfsten Einzelaufnahmen herausgesucht, passgenau übereinander gelegt, ein Mittelwert davon gebildet und das Ergebnis nachgeschärft werden. Diesen Bearbeitungsmarathon übernimmt glücklicherweise eine spezielle Software für Sie. Laden Sie von der Webseite videoastronomy.org/giotto.htm das Programm „Giotto" herunter und installieren Sie es auf Ihrem PC.

Giotto füttern

Nach dem Start von Giotto wählen Sie den Befehl „Bildüberlagern/Überlagere Bilder automatisch...", wo in sieben aufeinanderfolgenden Schritten anzugeben ist, was die Software tun soll. In Schritt 1 wählen Sie Ihr Planetenvideo aus. Die Schritte 2, 4 und 7 können Sie getrost ignorieren, alle anderen sind selbsterklärend. Giotto bietet sogar „Praxisempfehlungen" zur Einstellung der besten Parameter an, die Sie annehmen können.

Zurücklehnen und arbeiten lassen

Nachdem alle Fragen geklärt wurden, starten Sie mit der Schaltfläche „Weiter..." die Arbeit von Giotto. Es wird einige Zeit dauern, bis die vielen Bilder verarbeitet sind. Währenddessen haben Sie sich eine Pause verdient.

Letzter Schliff

Wenn Giotto zu Ende gerechnet und das Ergebnis präsentiert hat, fehlt nur noch eine Bildschärfung. Auch die können Sie mit Giotto vornehmen, und zwar mit dem Befehl „Bearbeiten/Schärfen und Filtern...". Entscheiden Sie sich am besten für die Registerkarte „Mexican-Hat-Filter" und experimentieren Sie so lange mit den gebotenen Parametern, bis die Vorschau das gewünschte Resultat zeigt. Fertig ist das Planetenfoto!

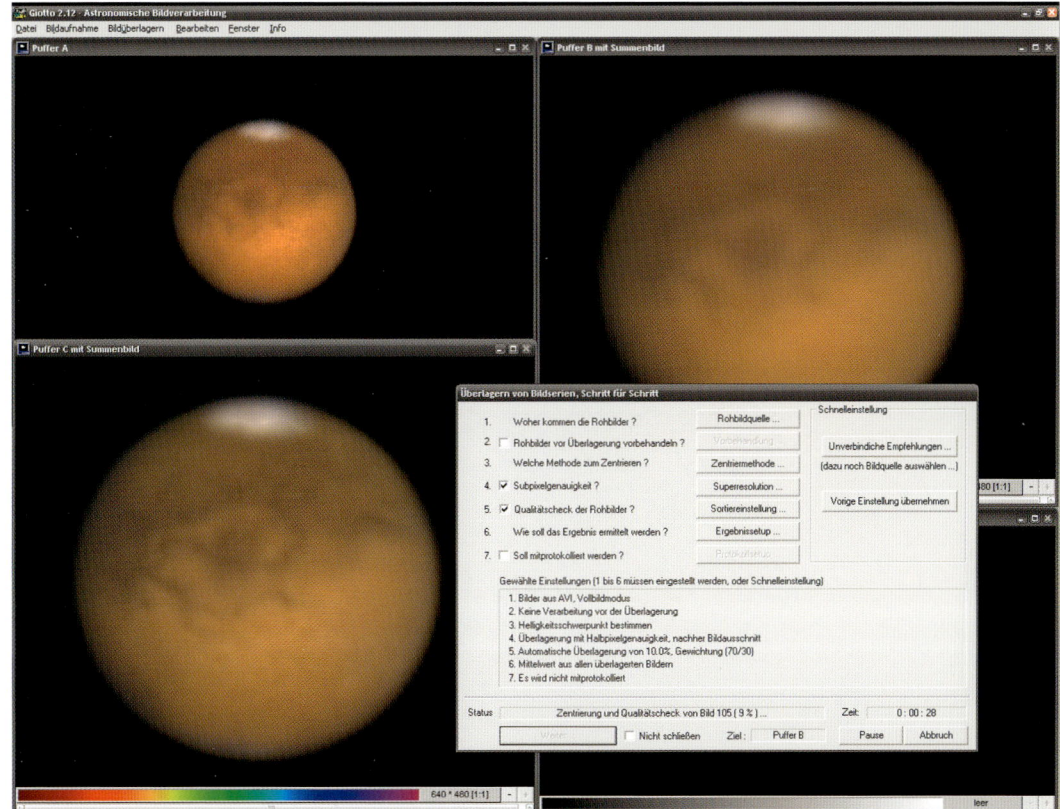

◄ Die Software „Giotto" macht aus einem Planetenfilm (hier Mars) scharfe Planetenbilder.

▼ Mars vorher und nachher: links eine Einzelaufnahme, rechts das Ergebnis der Bildverarbeitung.

Eine kleine Himmelskunde

Von Göttern und Gestirnen
Eine lange Geschichte: Wie Sternbilder zu ihren Namen kamen

Reise durch das Sonnensystem
Mit dem Raumschiff zu den Planeten: Von Merkur bis Sedna

Warum leuchten Sterne?
Geboren aus Gas und Staub: Den Glutbällen auf der Spur

Steckbrief der Sterne
Groß, klein, hell oder dunkel: Die Bausteine des Kosmos

Welteninseln im Universum
Verloren in Raum und Zeit: Von Galaxien bis zur Ewigkeit

Vom Hobby zur Wissenschaft
Astronomie als Berufung: Ein Blick auf die Profis

Von Göttern und Gestirnen

Kepheus, Kassiopeia oder Beteigeuze – woher stammen diese Namen und Bezeichnungen für viele Sternbilder und hellere Einzelsterne? Was sagen diese noch heute verwendeten Namen über ihre Entstehung, Geschichte und Bedeutung und aus?

Auf einen Blick

→ *Herkunft der Sternbildnamen*
Die nördlichen Sternbilder und die damit verbundenen Göttergeschichten haben wir von der griechischen Kultur geerbt.

→ *Ordnung am Sternenhimmel*
Im Laufe der Jahrhunderte wurden viele Sternbilder erfunden. Die Internationale Astronomische Union hat daher 1922 die 88 endgültigen Sternbilder festgelegt.

→ *Araber benennen helle Sterne*
Die Namen von hellen Sternen stammen oft aus dem arabischen Sprachraum. Dort nutzte man markante Sterne und Sterngruppen zur Orientierung in Wüstenregionen.

→ *Sternbilder des Südhimmels*
Hier wurden viele Sternbilder mit Begriffen aus der Seefahrt oder von Geräten aus der Neuzeit benannt.

Jede Kultur hat ihre Sternbilder

Zu allen Zeiten hat der Sternenhimmel die Menschen fasziniert. Es ist daher verständlich, dass stets mythologische und religiöse Themen damit in Verbindung gebracht wurden. Die indianischen Völker Nord- und Südamerikas, die altägyptische Kultur und die fernöstlichen (vor allem chinesische) Kulturen haben uns ihre Himmelsdarstellungen hinterlassen. Unsere mitteleuropäische Vorstellungs-

▼ *Griechische Helden und Schönheiten bevölkern in historischen Sternkarten unseren Himmel.*

welt wurde durch griechisch-lateinische Bilder geprägt, die unsere vorchristlichen Himmelsbilder fast vollständig verdrängten. Der Grieche Ptolemäus hat um 150 nach Christus viele bis heute verbindliche Sternbilder geprägt.

Menschen erfinden Sternbilder

Im Wandel der vergangenen Jahrhunderte waren die Sternbilder steten Änderungen ausgesetzt. Je nach politischen und kulturellen Strömungen wurden die Sternbilder umbenannt oder beispielsweise vollständig christianisiert. Manch einer entwarf sogar ein neues Sternbild, um einem mächtigen Herrscher zu schmeicheln oder eine technische Erfindung zu loben. Um diesem Treiben ein Ende zu setzen, wurde zu Beginn des 20. Jahrhunderts in einer weltweiten Kommission der Sternenhimmel in 88 Sternbilder aufgeteilt, die seitdem für alle verbindlich sind.

Sternnamen für Wüstenschiffe

Interessanterweise sind die meisten Sternnamen auf den arabischen Sprachraum zurückzuführen. Diese Kultur hat sich durch ein bemerkenswertes Wissen auf den Gebieten der Mathematik und Astronomie ausgezeichnet. Durch die systematische Beobachtung des Sternenhimmels konnten beispielsweise Kenntnisse gewonnen werden, die bei der Navigation der Kamelkarawanen durch hinweisarme und schier endlose Wüstenregionen halfen.

Moderner Südhimmel

Am Südhimmel finden sich hingegen nur wenige historische Sternbilder. Hier wurden viele neuzeitliche Sternbildnamen eingeführt, die aus der Zeit der großen Entdeckungsfahrten und Expeditionen stammen. Um auch dort Sternbilder zur Schiffsnavigation zur Verfügung zu haben, stellten die Seefahrer neue Sternbilder zusammen und versahen sie mit ihnen geläufigen Bezeichnungen. So finden sich unter den Sternbildnamen technische Geräte wie „Kompass", „Grabstichel", „Chemischer Ofen" oder „Sextant". Ebenso wurden neu entdeckte Tierformen und Landschaften wie „Paradiesvogel", „Chamäleon" oder der „Tafelberg" im Süden Afrikas an den Himmel versetzt. Eine kleine Gruppe von Sternbildern wurde wegen ihrer Ähnlichkeit mit bekannten nördlichen Sternbildern als „Südlicher Fisch" oder „Südliche Krone" bezeichnet. Himmelskartografen wie Johann Bayer, Nicolas de Lacaille und Johannes Hevelius übernahmen diese Bezeichnungen.

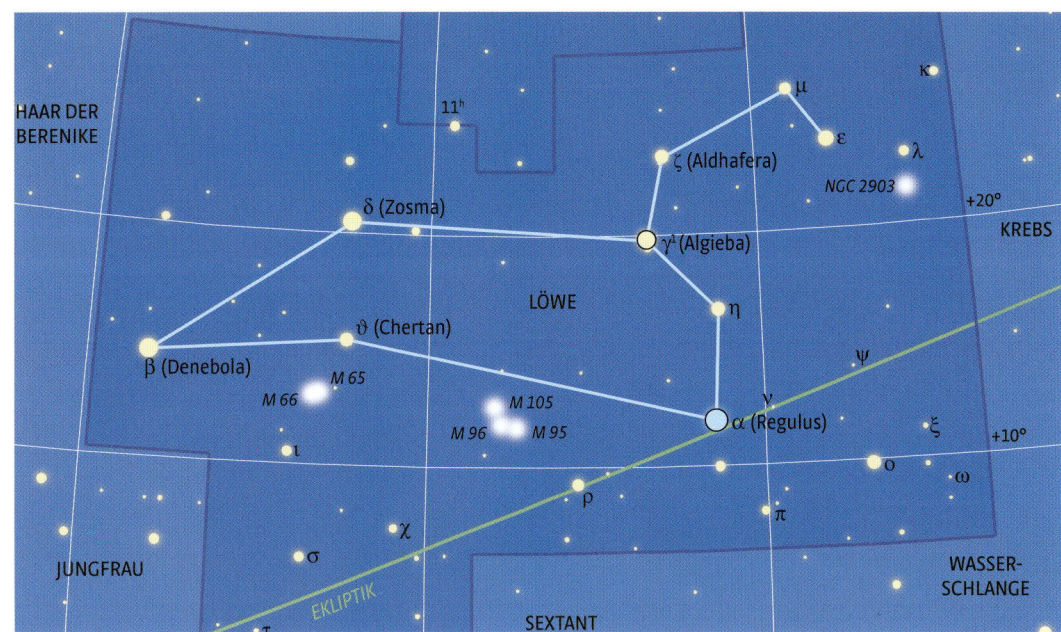

▲ Heute sehen die Sternbilder nüchterner, aber verständlicher aus: Sternbezeichungen und Katalognummern in einem festgelegten Himmelsfeld rund um das Sternbild Löwe.

Nachgefragt

→ *Wie werden Sterne genau bezeichnet?*

Um das Jahr 1600 fügte der Augsburger Astronom Johann Bayer in seinem Himmelsatlas „Uranometria" ein System zur systematischen Benennung von Sternen mit griechischen Buchstaben ein, die „Bayer-Bezeichnungen". Nach ihm ist beispielsweise Alpha Leonis der hellste Stern im Sternbild Löwe, Beta Leonis der zweithellste, und so weiter. Heute tragen Sterne zudem die Bezeichnungen moderner Kataloge, zum Beispiel dem SAO-Katalog (Smithsonian Astrophysical Observatory) in Verbindung mit der Katalognummer. Aus Regulus im Löwen wurde so erst „Alpha Leonis" und später „SAO 98967".

Von Göttern und Gestirnen

Reise durch das Sonnensystem

Von der Sonne aus geht es quer durch das Sonnensystem. Daher starten wir rasch von der ungemütlichen, rund 5500 Grad heißen Sonnenoberfläche und steuern den ersten Planeten an.

Auf einen Blick

→ *Die Sonne*
Ein Stern, dessen Schwerkraft alles zusammenhält

→ *Innere Planeten*
Die Gesteinsplaneten Merkur, Venus, Erde und Mars

→ *Der Asteroidengürtel*
Zwischen Mars und Jupiter gelegen, Heimat hunderttausender Kleinplaneten

→ *Äußere Planeten*
Die Gasplaneten Jupiter, Saturn, Uranus und Neptun

→ *Der Kuiper-Gürtel*
Jenseits von Neptun trifft man auf Zwergplaneten wie Pluto, Eris, Makemake, Haumea und Sedna

→ *Die Oortsche Kometenwolke*
Ein Viertel der Strecke zum nächsten Stern entfernt, Reservoir der Kometen

Das Planetensystem in Bildern – von links nach rechts:

- *Merkur – der Kraterplanet*
- *Venus – der Wolkenplanet*
- *Mars – der Wüstenplanet*
- *Gaspra – ein Kleinplanet*
- *Jupiter – der Gasriese*
- *Saturn – der Ringplanet*
- *Uranus – Gasplanet mit Ring*
- *Neptun – blauer Gasplanet*
- *Komet – seltener Besucher*

Bei den Gesteinsplaneten

Der etwas mehr als mondgroße Merkur steht als über 400 Grad heiße Kugel der Sonne am nächsten. In doppelter Entfernung treffen wir die Venus. Die höllische Schwester der Erde hüllt sich stets in eine undurchdringliche Wolkenschicht mit Säureregen und enormen Temperaturen auf der Oberfläche. Außerhalb der Erdbahn folgt der kleine Mars. Dessen Jugend war vor mehr als dreieinhalb Milliarden Jahren durch eine erdähnliche Uratmosphäre, riesige Vulkane und flüssiges Salzwasser bestimmt. Heute noch erscheinen uns die Polkappen, seine Staubstürme und ausgetrockneten Flussläufe seltsam vertraut.

Der Asteroidengürtel

Außerhalb der Marsbahn, wo sich während der Entstehung des Planetensystems nicht genügend Material zu einem Gesteinsplaneten zusammenballen konnte, befindet sich der Asteroidengürtel mit seinen über 200.000 Mitgliedern. Davon haben es der Zwergplanet Ceres sowie einige größere Brocken wie Pallas oder Vesta immerhin noch zum Status eines kugelförmigen Kleinplaneten gebracht.

Die Riesen aus Gas

Jenseits des Asteroidengürtels beginnt die Welt der Riesenplaneten. Innerster und mit Abstand größter Gasplanet ist Jupiter, dessen lebendige Atmosphäre leicht zu beobachten ist. Mit seinen vier planetengroßen Hauptmonden und einigen Dutzend kleineren Körpern bildet er fast ein eigenes Sonnensystem. Nur wenig kleiner, aber mit einem imposanten, hell leuchtenden Ringsystem ausgestattet, folgt Saturn, der mit Titan ebenfalls einen planetengroßen Mond vorweisen kann. Weniger als halb so groß sind Uranus sowie Neptun, der den offiziellen Rand des Planetensystems bildet.

Im ewigen Eis

Der eingefangene Neptunmond Triton, aber auch der Zwergplanet Pluto sind Vertreter des transneptunischen Kleinplanetengürtels, auch Kuiper-Gürtel genannt. Dessen Mitglieder bestehen im Gegensatz zum Asteroidengürtel nicht aus Gestein, sondern überwiegend aus Eis. Bisher wurden dort mehrere Objekte wie die 1700 Kilometer große Sedna gefunden, vermutlich gibt es aber einige zehntausend Kuiper-Gürtel-Mitglieder.

Die Welt der Kometen

Die Zusammensetzung der Kuiper-Objekte aus Staub und Eis stellt gleichzeitig den Übergang zu Kometenkernen dar. Diese sind in der Oortschen Wolke beheimatet, welche in mindestens 10.000 Erdbahnradien kugelförmig das gesamte Sonnensystem umhüllt. Einige Milliarden kleine Kometenkerne könnten dort in ewiger Dunkelheit verharren.

Nachgefragt

→ *Wie entstand das Sonnensystem?*

Vor etwa 4,55 Milliarden Jahren bildete sich in einer Gas- und Staubwolke zunächst unsere Sonne. In weiterer Folge entstanden durch lokale Materieverdichtungen Kometen, Asteroiden, Protoplaneten und schließlich die Planeten. Die junge Sonne blies den inneren Bereich ihres Systems weitgehend frei, hier entstanden nur die kleinen, aber massiven Gesteinsplaneten. Weiter außen haben sich aus dem aufgesammelten Material die riesigen Gasplaneten zusammengeballt.

Warum leuchten Sterne?

Ein Blick in den Lebenslauf der Sterne zeigt die unterschiedlichen Facetten der stellaren Evolution. Mancher dieser kosmischen Prozesse mutet geradezu etwas menschlich an. Wir sind eben alle Kinder des Kosmos.

Auf einen Blick

→ *Der kleine Unterschied*
Im Gegensatz zu allen anderen Himmelskörpern erzeugen Sterne selbst Energie und leuchten daher aus eigenem Antrieb.

→ *Aus Staub geboren*
Sterne entstehen in kosmischen Staubwolken, wo sich einzelne Teile zusammenballen. Aus der scheibenförmigen Restwolke kann ein neues Planetensystem entstehen.

→ *Kein Sternleben währt ewig*
Die Lebensdauer eines Sterns hängt ganz zentral von seiner Masse ab und kann wenige Millionen oder aber Milliarden von Jahren betragen.

→ *Imposantes Ende*
Sterne wie unsere Sonne erzeugen am Ende ihres Lebens einen prächtigen Planetarischen Nebel. Größere Sterne explodieren, kleinere Sterne verglimmen einfach.

Was ist ein Stern?

Ganz schlicht formuliert ist ein Stern eine „massereiche, selbstleuchtende Gaskugel". In seinem Inneren laufen permanent nukleare Fusionsreaktionen (Kernverschmelzungen) ab, die eigentlich explosionsartig nach außen streben würden. Die gewaltige Masse des Sterns, die unter ihrer eigenen Schwerkraftwirkung nach innen strebt, steht dem aber entgegen. Durch dieses Gleichgewicht erhalten wir eine über Jahrmillionen oder Jahrmilliarden stabile Gaskugel, welche die von ihr erzeugte Energie als Strahlung (sichtbares Licht, Wärme, UV-Licht) abgibt.

Die etwas andere Kinderstube

Ausgangspunkt für die Sternentstehung ist eine Gas- und Staubwolke, die sich aufgrund ihrer eigenen Schwerkraft zusammenzieht. Ist eine ausreichende Dichte im Kerngebiet vorhanden, setzt dort unter riesigem Druck die Kernfusion von Wasserstoff zu Helium ein. Ein neuer Stern ist geboren. Als Folge des Drehimpulses bildet das restliche Material aus Staub und Gas um den Stern eine Scheibe, aus der entweder ein Planetensystem oder ein weiterer Stern entstehen kann. Die Ebene der Scheibe ist die Ekliptik, in

▲ *Der Orion-Nebel, eine Geburtsstätte für Sterne.*

▼ *Im Orion-Nebel finden Riesenteleskope auch die ovalen Staubwolken gerade entstehender Sonnensysteme.*

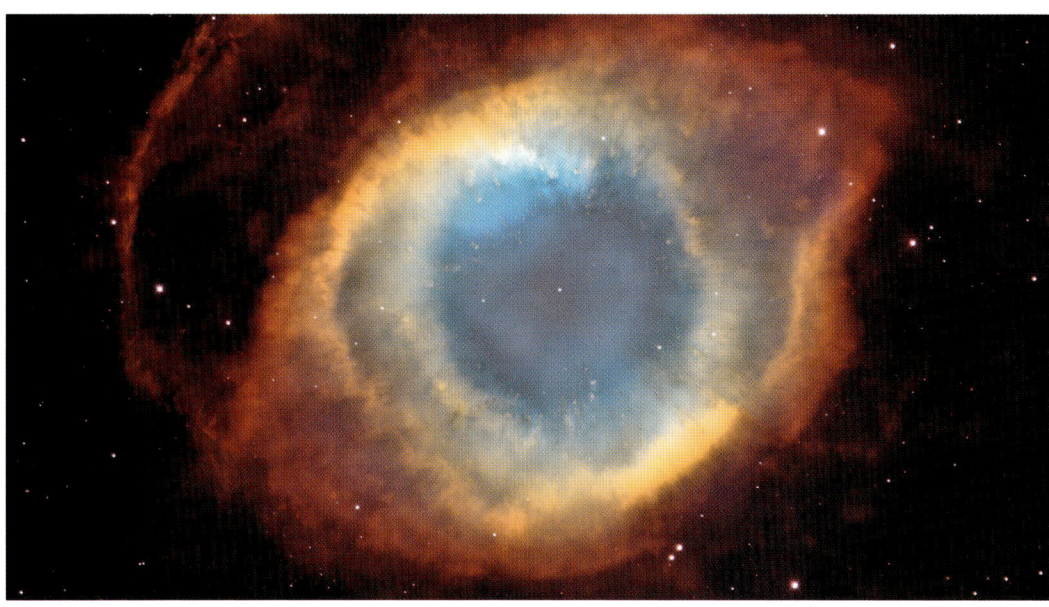

▶ *Von majestätischer Schönheit sind viele Planetarische Nebel, wie hier der Helixnebel. Sie künden aber auch vom Tod sonnenähnlicher Sterne.*

der dann später Planeten, Monde und Kometen kreisen.

Kleine Sterne leben länger

Junge Sterne mittlerer Größe erzeugen ihre Energie, indem sie Wasserstoff zu Helium fusionieren. Gegen Ende ihrer Lebenszeit gehen sie dazu über, noch einige weitere, aber deutlich kurzlebigere Fusionsprozesse zu nutzen. Hierbei entstehen Elemente wie Sauerstoff, Stickstoff oder Kohlenstoff. In dieser Zeit werden die Sterne zu aufgeblähten Gaskugeln, deren Durchmesser sich leicht um das Hundertfache vergrößert. Ein Stern von der Größe unserer Sonne lebt über 10 Milliarden Jahre. Sehr kleine Sterne, die nur langsam ihren Wasserstoff verbrennen, können bis zu 1000 Milliarden Jahre alt werden. Sehr heiße Sterne mit bis zu 100 Sonnenmassen existieren dagegen nur wenige Millionen Jahre.

Auch Sterne sterben

Die kleinsten Sterne verbrennen gemächlich ihren Wasserstoffvorrat und erkalten dann mit einem erlöschenden Kern zu einer leblosen Gaskugel. Sterne mittlerer Größe, zu denen auch unsere Sonne zählt, durchlaufen das „Rote-Riesen-Stadium", in dem sie sich riesenhaft aufblähen und an dessen Ende sie ihre äußere Hülle imposant abstoßen: Ein Planetarischer Nebel ist entstanden. Der Sonnenkern bildet dann einen erdgroßen, weißen Zwergstern, der keine Kernfusion mehr betreibt und in den kommenden Jahrmilliarden langsam auskühlt. Sterne mit mehr als acht Sonnenmassen vergehen hingegen in gewaltigen Explosionen als Supernova. Zurück bleibt hier nur ein exotischer Neutronenstern oder gar ein Schwarzes Loch.

▼ *Messier 1 zeugt von einer im Jahr 1054 im Sternbild Stier explodierten Supernova.*

Ins WEB geklickt

→ *Kosmische Kunst*

Auf der Bilderseite des Hubble-Weltraumteleskops finden sich zahlreiche herrliche Beispiele für Gasnebel, in denen Sterne entstehen, oder Planetarische Nebel, welche die Endphase eines Sternenlebens markieren. Gerade die Vielfalt der Planetarischen Nebel lässt fast schon den Eindruck einer kosmischen Malerei entstehen: *www.spacetelescope.org*.

Steckbrief der Sterne

Sterne haben verschiedene Größen, Helligkeiten und Farben. Ins Auge fallen beispielsweise die Orangefärbung des Arktur im Bootes oder von Beteigeuze im Orion. Sirius und Wega leuchten in einem hellen Blauweiß. Doch was sagt das über diese kleinen Lichtpünktchen aus?

Auf einen Blick

→ *Sterne sind bunt*
Sterne unterscheiden sich in Größe und Temperatur. Die Farbe sagt dabei etwas über ihre Oberflächentemperatur aus.

→ *Ein Diagramm räumt auf*
Im Hertzsprung-Russell-Diagramm von Temperatur und Helligkeit kann man unterschiedliche Sterntypen ausmachen.

→ *Sandkörner und Heißluftballons*
Bei den Sternen gibt es enorme Unterschiede hinsichtlich Größe und Helligkeit, die leicht das Millionenfache betragen können.

→ *Fast wie Schulnoten*
Sternhelligkeiten werden so abgestuft, dass es der Wahrnehmung des Auges entspricht. Helle Sterne sind Stufe 1, schwache Sterne Stufe 6.

Bunte Vielfalt

Die Farbe eines Sterns steht im engen Zusammenhang mit seiner Oberflächentemperatur. Kühle Sterne mit Temperaturen um 3000 Grad erscheinen rot, Sterne wie unsere Sonne mit 6000 Grad leuchten gelblich, sehr heiße Exemplare erreichen bei bläulicher Färbung Temperaturen von 10.000 Grad oder mehr.

▼ *Für unsere Erde mag die Sonne ein Riese sein, im Reigen der Riesensterne ist sie aber nicht mehr als ein Staubkorn.*

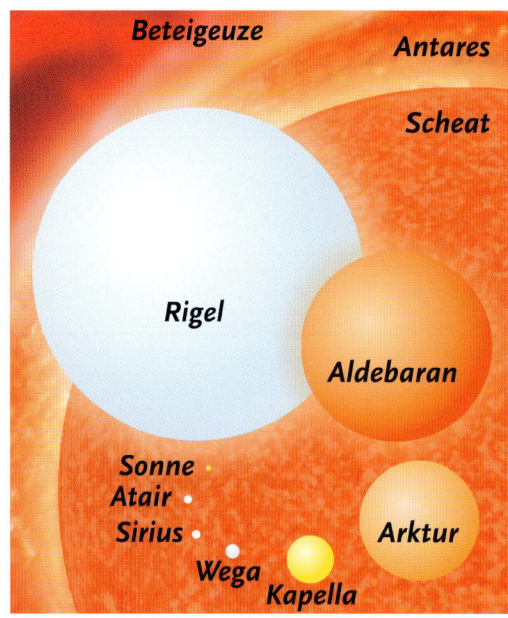

Das Hertzsprung-Russell-Diagramm

Den Zusammenhang von Temperatur und Leuchtkraft kann man sehr anschaulich in einem Diagramm auftragen, das nach den Astrophysikern Hertzsprung und Russell benannt wurde. Dort liegen die untersuchten Sterne nicht wahllos verteilt, sondern bilden eine Linie, die in etwa eine Diagonale quer durch das Diagramm beschreibt. Diese „Hauptreihensterne" beschreiben die normalen Zu-

▼ *Der Doppelstern Albireo zeigt es: zwei Sterne – gleich entfernt, aber unterschiedlich hell, unterschiedlich groß und unterschiedlich heiß.*

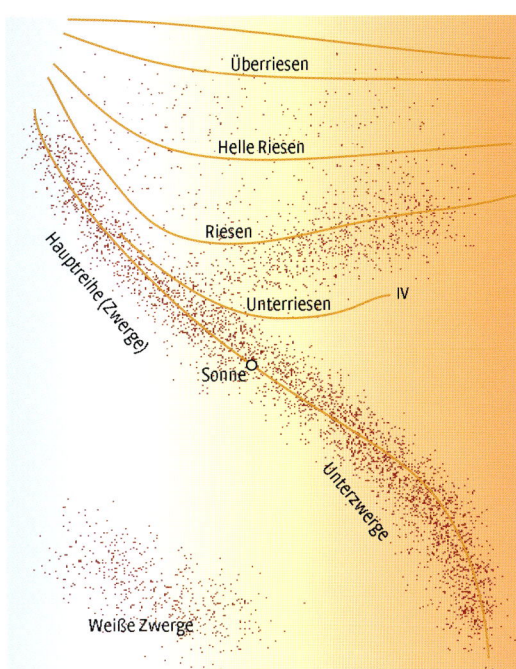

▲ Das Hertzsprung-Russell-Diagramm: alle normalen Sterne sind entlang einer Linie von rechts unten nach links oben angeordnet.

standsformen kleiner und großer Sterne. In zwei abseits gelegenen Diagrammfeldern stehen Riesensterne und sterbende Weiße Zwerge.

Groß oder Klein?

Im Diagramm finden Sie bei den roten, kühleren Sternen gleich zwei Vertreter dieser Oberflächentemperatur. Dies sind zum einen die kleinen, sehr leuchtschwachen roten Mini-Sterne, kaum größer als der Planet Jupiter. Und Sie finden weit oberhalb davon die aufgeblähten Roten Überriesen, deren Durchmesser – an die Stelle unserer Sonne versetzt – mitunter bis über die Marsbahn hinausreichen würde. Vergleichen wir beispielsweise den Zwerg „Wolf 359" mit dem ebenfalls rund 3000 Grad heißen Überriesen „VV Cephei", so sind die Unterschiede enorm: VV Cephei hat einen knapp 24.000-mal größeren Durchmesser und besitzt die 575-millionenfache Leuchtkraft seines kleinen Bruders.

Relative und Absolute Helligkeiten

Wie dieses Beispiel eindrucksvoll zeigt, ist die Helligkeit eines Sternes, die Sie am Nachthimmel sehen, sehr von seiner Größe und Entfernung bestimmt. Vergleichen Sie zwei dieser Lichtpünktchen, so müssen Sie von einer relativen Helligkeit sprechen, da dieser Wert nicht die Eigenschaften des Sterns selbst widerspiegelt. Setzt man alle Sterne gedanklich in die gleiche Entfernung, so könnte man ihre nun „Absolute Helligkeit" direkt miteinander vergleichen.

Gemessen wird in Größenklassen

Die mit dem bloßen Auge sichtbaren Sterne sind so in die Klassen 1 bis 6 unterteilt. Die schwächsten Sterne, die wir heute beobachten können, sind bis zu 30 Magnituden dunkel. Die Astronomen messen übrigens analog zur Lichtempfindlichkeit des Auges die Sternhelligkeiten (sogenannte Magnituden) in einer logarithmischen Skala, nach der ein Stern zweiter Größe genau 2,5-mal schwächer als ein Stern erster Größe ist.

Nachgefragt

→ *Wie hell sind Sonne und Mond?*

Sehr helle Objekte werden mit negativen Helligkeitswerten belegt. So hat der hellste Stern Sirius eine Helligkeit von −1,46 Größenklassen, Planet Venus erreicht bis zu −4,7, der Mond −12,5 und die Sonne gar −26,8 Größenklassen – siehe Abbildung rechts.

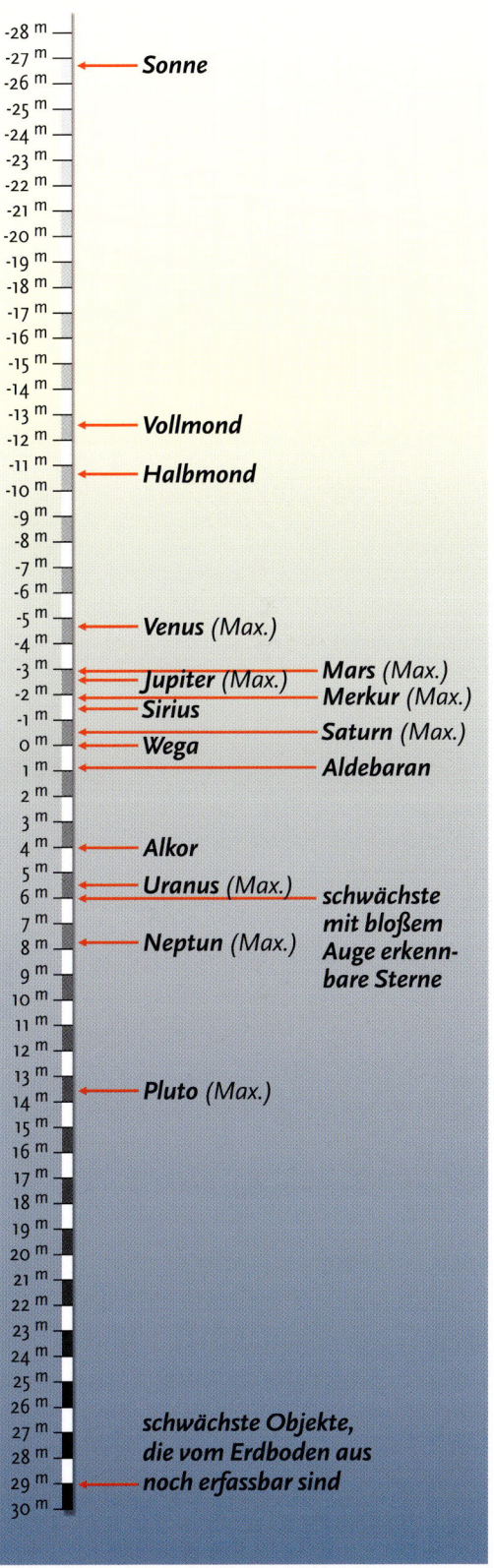

Steckbrief der Sterne

Welteninseln im Universum

Vor 160 Jahren richtete der irische Adlige Lord Rosse sein selbstgebautes Riesenteleskop gen Himmel und fand einige merkwürdige Spiral- oder Strudelnebel. Heute wissen wir, dass ihm damit ein tiefer Blick in die Welt der Galaxien gelang.

Auf einen Blick

→ *Inseln im Nirgendwo*
Millionen oder gar Milliarden von Sternen bilden im ansonsten leeren Kosmos riesige Inseln ähnlich unserer eigenen Milchstraße.

→ *Spindeln und Feuerräder*
Es gibt elliptische Galaxien, Spiralnebel, Balkenspiralen und Irreguläre Systeme. Sie unterscheiden sich auch durch ihre Größe.

→ *Dichtes Gedränge*
Galaxien stehen selten alleine, oft bilden sie Gruppen und Haufen. Die größten Strukturen sind Superhaufen aus Tausenden Galaxien.

Was ist eine Galaxie?

Als eine Galaxie (griechisch für „Milchstraße") wird vereinfacht eine zusammengehörige Ansammlung von Materie aus Sternen und Planetensystemen, leuchtenden Gasnebeln und tiefschwarzen Staubwolken bezeichnet, die gleich einer Insel in der Tiefe des Kosmos steht. Die Galaxie, in der wir leben, heißt einfach Milchstraße. Man erkennt sie in einer dunklen, klaren Nacht als diffus leuchtendes Band am Himmel. Kleine Galaxien bestehen aus wenigen Millionen Sternen, große Riesensysteme aus bis zu einigen Billionen Sonnenmassen. Unsere Milchstraße hat einige Hundert Milliarden Sterne.

Welche Galaxien gibt es?

Galaxien unterscheiden sich voneinander in Aussehen, Größe, Zusammensetzung, Masse und Entwicklungsstadium. Je nach Gestalt werden sie in elliptische Systeme, Spiralgalaxien oder unregelmäßige Galaxien unterteilt. Die Spiralen muten zuweilen wie ein Feuerrad an, eine zweite

Spiralgalaxie

Balkenspiralgalaxie

Elliptische Galaxie

Gattung von Spiralgalaxien weist hingegen einen deutlichen zentralen Balken auf, an dem die Spiralarme beginnen. Galaxien sind in der Regel zwischen einigen Zehntausend und einigen Hunderttausend Lichtjahren groß. Da sie zumeist Millionen von Lichtjahren entfernt stehen, ist das Licht der Galaxie, das in unser Auge fällt, ebenso alt. Der Blick auf eine Galaxie ist daher auch immer ein Blick in die Vergangenheit.

Hubble sorgt für Ordnung

Im Jahr 1936 ordnete der US-Astronom Edwin Hubble Galaxien in sinnvolle Schubladen. Seine Hubble-Sequenz stellt aber kein zeitliches Entwicklungsschema der Galaxien dar. Im linken Bereich des stimmgabelförmigen Diagramms finden Sie elliptische Galaxien mit zunehmender Abplattung, die mit dem Kürzel E0 bis E7 benannt sind. Den oberen Arm bilden normale Spiralgalaxien, je nach Abstand der Einzelarme mit Sa (dicht gewickelt) bis Sc (sehr offene Armstruktur) bezeichnet. Gleiches gilt unten mit SBa bis SBc für Balkenspiralen. Die „unordentlichen" Irregulären Systeme (Ir) bleiben bei Hubble außen vor.

Gesellige Galaxien

Galaxien sind nicht gleichförmig im Raum verteilt, sondern treten zumeist zu Dutzenden in Gruppen oder zu Hunderten in größeren Haufen auf. Es gibt sogar Superhaufen, die einige Tausend Welteninseln in sich vereinen. In der Realität sind die Übergänge fließend: So ist unsere Lokale Gruppe aus drei großen (zu denen auch unsere Milchstraße und die Andromeda-Galaxie gehören) und einigen Dutzend Minigalaxien ein Teil des Virgo-Superhaufens. In verschiedenen Gruppen finden sich auch Galaxien, die einander so nahe stehen, dass sie sich gegenseitig beeinflussen, verformen, oder die sogar im Begriff sind, zu verschmelzen.

Galaxienhaufen

Nachgefragt

→ *Wie entstand das Universum?*

Nach heutigen Erkenntnissen entstand das Universum vor 13,7 Milliarden Jahren in einem gewaltigen, explosionsartigen Prozess. Nach rund 10.000 Jahren hatte sich die Wolke so weit abgekühlt, dass aus der Strahlung größtenteils Materie entstanden war. Nach 400.000 Jahren bildeten sich Atome, das Weltall wurde erstmals durchsichtig. Wenige Millionen Jahre später formen bereits die erste Generation von Riesensternen und embryonalen Galaxien den jungen Kosmos. Seither dehnte sich der Kosmos um das Milliardenfache aus und die dritte Generation der Sterne brachte schließlich das Leben hervor.

Vom Hobby zur Wissenschaft

Zwischen Hobby und Wissenschaft gibt es viele thematische Verbindungen, aber auch klare Grenzen. Einer der Reize des Hobbys „Astronomie" ist aber mit Sicherheit, an den fantastischen Erkenntnissen einer sich stürmisch entwickelnden Wissenschaft teilzuhaben.

Auf einen Blick

→ *Forschung hautnah*
Als Hobby-Astronom wird man selten eine neue Entdeckung machen, kann aber einige der von Profis entdeckten Phänomene selbst sehen.

→ *Sehmaschinen statt Fernrohre*
Sternwarten befinden sich auf hohen Bergen fernab störender Zivilisationseinflüsse. Ihre Teleskope können auch ferngesteuert werden.

→ *Späher im All*
Viele Bereiche moderner Forschung sind nur unter den günstigen Bedingungen des Weltalls möglich. Deshalb lassen wir Spezialsatelliten aus der Erdumlaufbahn in die Tiefen des Universums spähen.

→ *Große Fragen für die Forschung*
Dank moderner Beobachtungstechniken kann sich die Menschheit heute vielen großen Rätseln stellen – von der Entstehung des Kosmos bis hin zur Frage, ob wir im Weltall alleine sind.

Ganz vorne mit dabei

Für den Großteil der Hobby-Astronomen ist und bleibt die Astronomie ein schönes Hobby. Einige hat der Virus aber so gepackt, dass sie sich ein kleines Forschungsgebiet heraussuchen, in dem auch „Amateur-Astronomen" noch etwas entdecken können oder zumindest durch langfristige Beobachtungen die Profis bei ihrer Arbeit unterstützen. Wer daran Interesse hat, sollte sich aber sehr gut vorbereiten, Kurse besuchen, Fachmagazine wie „Sterne und Weltraum" lesen und sich einer der Fachgruppen der „Vereinigung der Sternfreunde" anschließen.

Sternwarten heute

Bei den Profis sind die Zeiten längst vergangen, da der Astronom in einer kleinen

▼ *Die europäische Südsternwarte auf dem Berg La Silla in Chile bietet vielen Teleskopen Raum.*

Kuppel hinter dem Hochschulcampus des nächtens seine Himmelsbilder und Messreihen gewann. Heute sind Sternwarten ferngesteuerte Riesenanlagen auf entfernten Bergen in der chilenischen Atakama-Wüste oder auf den Gipfeln von Inselvulkanen wie Hawaii. Dort finden Astronomen ideale Bedingungen vor: ruhige, trockene und klare Luft, ohne den Staub und das Streulicht unserer Zivilisationsräume. Längst sind aus den vertrauten Linsenfernrohren riesige, spiegelbewehrte Sehmaschinen geworden – nicht selten mit Optikdurchmessern von acht Metern oder mehr.

Forschung im Weltall

Noch besser ist es, das Weltall vom Weltall aus zu beobachten. Denn hier gibt es keine störende Luft, keinen lichtabsorbierenden Wasserdampf, dafür aber immerwährende Dunkelheit. Viele Lichtarten, wie etwa das UV-Licht, langwellige Wärmestrahlung oder gar Röntgen- und Gammastrahlen kann man auf der Erde nicht empfangen. Hierfür werden Spezialteleskope wie das berühmte Hubble-Space-Teleskop gebaut und in den erdnahen Weltraum geschickt. Die Objekte unseres Sonnensystems werden heute gar nicht mehr mit Teleskopen erforscht. Hier schicken Astronomen Raumsonden zur genauen Beobachtung vor Ort – ob zur Sonne, zum Mars oder zum Pluto.

Aktuelle Forschungsthemen

Die Astronomie befindet sich in einer sehr spannenden und produktiven Phase. Dank Raumfahrt, Riesenteleskopen und moderner Computertechnik sind Beobachtungen möglich, die noch vor 20 Jahren in den Bereich der Science-Fiction-Romane verwiesen wurden. Heute wollen wir unserem Sonnensystem die letzten Geheimnisse entreißen, längst schon sind Planeten wie der Mars genauer kartiert als unsere Erde. Wir können sogar fremde Sonnensysteme bei anderen Sternen finden und untersuchen, erforschen, wie der gesamte Kosmos entstand und wohin er sich entwickelt. Unsere Sehmaschinen können in nahezu jeden Bereich des gesamten Universums blicken.

▲ Über den Wolken ist die Freiheit wirklich grenzenlos – von hier aus kann das Weltraumteleskop Hubble sensationelle Bilder liefern.

▼ Ein Koloss für die Sterne, dessen Spiegel fast die Fläche eines Tennisplatzes aufweist.

Ins WEB geklickt

Große Sternwarten, NASA und ESA berichten regelmäßig über Neues aus dem All, allerdings auf Englisch: *www.eso.org*, *www.nasa.gov*, *www.esa.int*. Aktuelle Nachrichten auf Deutsch bieten *www.astronomie-heute.de* oder *www.redshift-live.com*.

Sternkarten und Service

Kalender der Himmelsereignisse
Wo man Planeten sieht und wann Finsternisse stattfinden

Sternatlas Teil 1
Die Nordpolregion

Sternatlas Teil 2
Der Herbsthimmel bei 0 Uhr Rektaszension

Sternatlas Teil 3
Der Winterhimmel bei 6 Uhr Rektaszension

Sternatlas Teil 4
Der Frühlingshimmel bei 12 Uhr Rektaszension

Sternatlas Teil 5
Der Sommerhimmel bei 18 Uhr Rektaszension

Sternatlas Teil 6
Die Südpolregion

Die Messier-Objekte
Der ideale Himmelskatalog für Einsteiger

Buchtipps, Links und Adressen
Zum Weiterlesen und Weiterklicken

Kalender der Himmelsereignisse

Auf diesen Seiten sind die Sichtbarkeiten der Planeten dargestellt. Für die inneren Planeten Merkur und Venus ist jeweils angegeben, ob man sie morgens oder abends sehen kann.

Für die äußeren Planeten Mars, Jupiter, Saturn, Uranus und Neptun ist jeweils das Sternbild angegeben, in dem man den Planeten findet.

Bei hellblau unterlegten Feldern steht der Planet entweder nicht sichtbar am Taghimmel oder es findet kein Ereignis statt. Ist ein Planet oder ein Ereignis im jeweiligen Sternbild in der Dämmerung oder in Teilen der Nacht sichtbar, so finden Sie das Feld blau unterlegt. Dunkelblaue Felder künden von einer besonders gute Sichtbarkeit – im günstigsten Fall während der ganzen Nacht. Außerdem werden in der letzten Zeile Sonnen- und Mondfinsternisse genannt.

Die Farben der Tabellen bedeuten:
Hellblau (= taghell): nicht sichtbar
Mittelblau (= Dämmerung): sichtbar
Dunkelblau (= Nacht): gut sichtbar

2009

Planet	Jan	Feb	Mrz	Apr	Mai	Jun	Jul	Aug	Sep	Okt	Nov	Dez
Merkur				Ende Apr, abends						Anfang Okt, morgens		
Venus	abends	abends	abends	morgens	morgens	morgens	morgens	morgens	morgens	morgens	morgens	
Mars									Zwillinge	Zwillinge	Krebs	Krebs
Jupiter				Steinbock	Steinbock	Steinbock	Steinbock	Steinbock	Steinbock	Steinbock	Steinbock	Steinbock
Saturn	Löwe	Löwe	Löwe	Löwe	Löwe	Löwe	Löwe				Jungfrau	Jungfrau
Uranus						Fische	Fische	Fische	Fische	Fische	Fische	Fische
Neptun						Steinbock	Steinbock	Steinbock	Steinbock	Steinbock	Steinbock	
Finsternisse								5./6. Mondfinsternis (Halbschatten)				31. Mondfinsternis (partiell)

2010

Planet	Jan	Feb	Mrz	Apr	Mai	Jun	Jul	Aug	Sep	Okt	Nov	Dez
Merkur				Anfang Apr, abends					Mitte Sep, morgens			
Venus		abends	abends	abends	abends	abends	abends	abends	abends	abends	morgens	morgens
Mars	Krebs	Krebs	Krebs	Krebs	Krebs	Löwe	Löwe					
Jupiter					Wassermann	Fische	Fische	Fische	Fische	Fische	Wassermann	Wassermann
Saturn	Jungfrau	Jungfrau	Jungfrau	Jungfrau	Jungfrau	Jungfrau	Jungfrau				Jungfrau	Jungfrau
Uranus	Fische				Wassermann	Fische	Fische	Fische	Fische	Fische	Wassermann	Wassermann
Neptun					Steinbock	Steinbock	Steinbock	Steinbock	Steinbock	Steinbock	Steinbock	
Finsternisse												21. Mondfinsternis (partiell)

2011

Planet	Jan	Feb	Mrz	Apr	Mai	Jun	Jul	Aug	Sep	Okt	Nov	Dez
Merkur			Ende Mrz, abends						Anfang Sep, morgens			
Venus	morgens	morgens	morgens	morgens	morgens	morgens	morgens		abends	abends	abends	abends
Mars									Zwillinge	Krebs	Löwe	Löwe
Jupiter	Fische	Fische				Fische	Widder	Widder	Widder	Widder	Widder	Widder
Saturn	Jungfrau	Jungfrau	Jungfrau	Jungfrau	Jungfrau	Jungfrau	Jungfrau	Jungfrau				
Uranus								Fische	Fische	Fische	Fische	Fische
Neptun						Wassermann	Wassermann	Wassermann	Wassermann	Wassermann	Wassermann	
Finsternisse	4. Sonnenfinsternis (partiell)					15. Mondfinsternis (total)						10. Mondfinsternis (partiell)

2012

Planet	Jan	Feb	Mrz	Apr	Mai	Jun	Jul	Aug	Sep	Okt	Nov	Dez
Merkur			Anfang Mrz, abends					Mitte Aug, morgens				
Venus	abends	abends	abends	abends	abends		morgens	morgens	morgens	morgens	morgens	morgens
Mars	Löwe	Jungfrau	Löwe	Löwe	Löwe	Löwe	Jungfrau					
Jupiter	Fische	Widder						Stier	Stier	Stier	Stier	Stier
Saturn	Jungfrau	Jungfrau	Jungfrau	Jungfrau	Jungfrau	Jungfrau	Jungfrau	Jungfrau				
Uranus	Fische						Fische	Fische	Fische	Fische	Fische	Fische
Neptun						Wassermann	Wassermann	Wassermann	Wassermann	Wassermann	Wassermann	
Finsternisse							17. Mond bedeckt Jupiter					

2013

Planet	Jan	Feb	Mrz	Apr	Mai	Jun	Jul	Aug	Sep	Okt	Nov	Dez
Merkur		Mitte Feb, abends				Mitte Jun, abends					Mitte Nov, morgens	
Venus	morgens	morgens			abends	abends	abends	abends	abends	abends	abends	abends
Mars											Löwe	Jungfrau
Jupiter	Stier	Stier	Stier	Stier					Zwillinge	Zwillinge	Zwillinge	Zwillinge
Saturn	Waage	Waage	Waage	Waage	Waage	Jungfrau	Jungfrau	Jungfrau				
Uranus	Fische						Fische	Fische	Fische	Fische	Fische	Fische
Neptun						Wassermann	Wassermann	Wassermann	Wassermann	Wassermann	Wassermann	
Finsternisse				25. Mondfinsternis (partiell)								

Kalender der Himmelsereignisse

Sternatlas: Die Nordpolregion

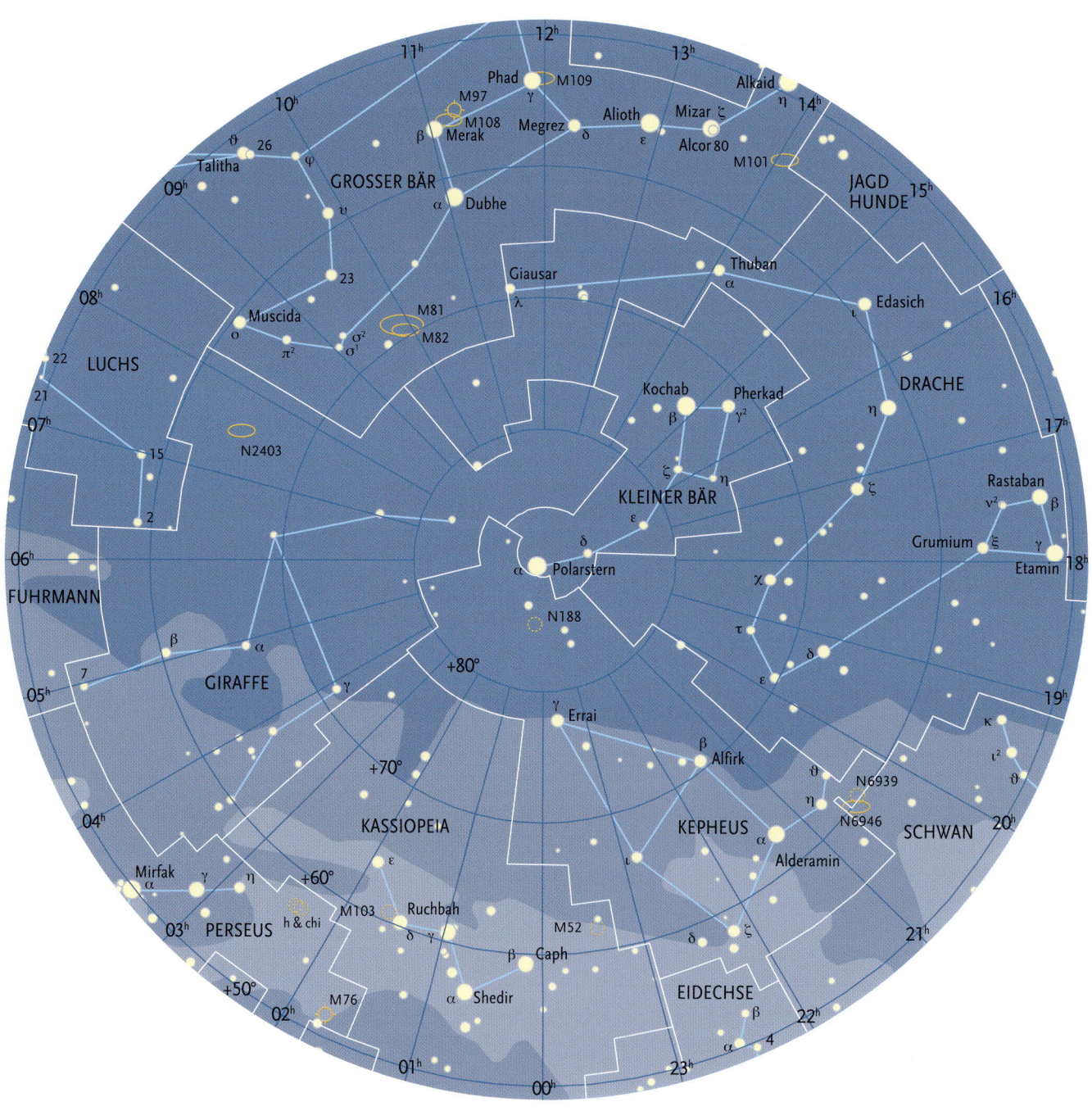

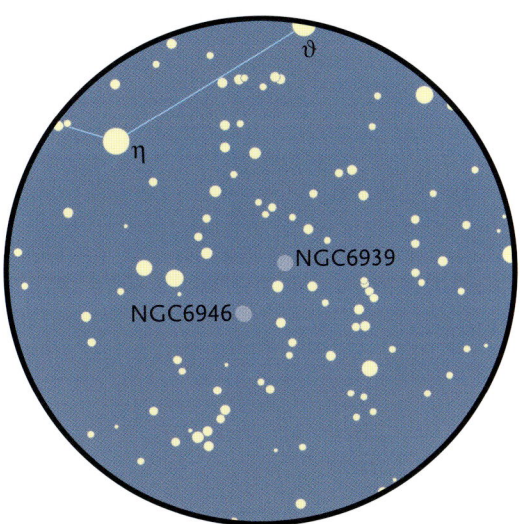
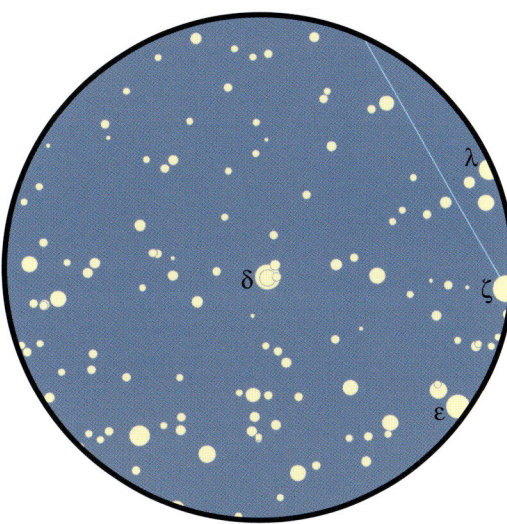
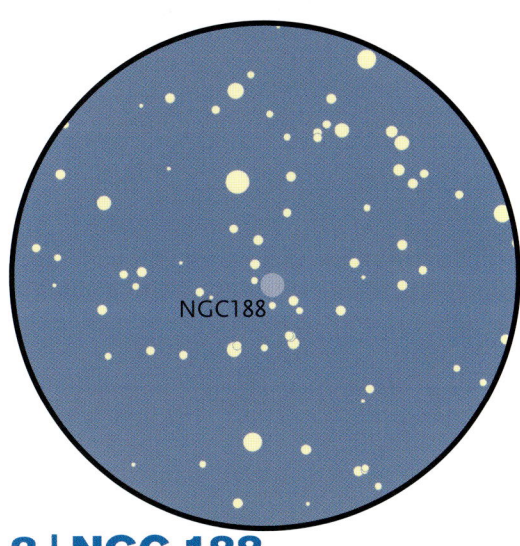

1 | NGC 6939 / 6946

→ RA: 20ʰ 32ᵐ / Dek.: +60° 25′

Der sternreiche Haufen NGC 6939 (7,8 mag) und die Galaxie NGC 6946 (9,6 mag) stehen nur gut ein halbes Grad auseinander. Ein kleines Amateurfernrohr zeigt einen andeutungsweise in Einzelsterne auflösbaren Haufen und eine fahle Galaxienscheibe.

2 | Delta Cephei

→ RA: 22ʰ 29ᵐ / Dek.: +58° 25′

Dieser kurzzeitveränderliche Stern ist der Prototyp einer wichtigen Gattung: den Cepheiden. Innerhalb von 5 Tagen, 8 Stunden und 48 Minuten schwankt seine Helligkeit zwischen 3,5 und 4,4 mag. Cepheiden dienen als Entfernungsmesser.

3 | NGC 188

→ RA: 00ʰ 48ᵐ / Dek.: +85° 15′

Mit einem Alter von über 6 Milliarden Jahren ist er einer der dienstältesten offenen Haufen unserer Milchstraße. Ihr Amateurfernrohr zeigt ab 100 Millimeter Öffnung bei diesem nördlichsten Deep-Sky-Objekt rund 100 Sterne mit Helligkeiten ab 10 mag.

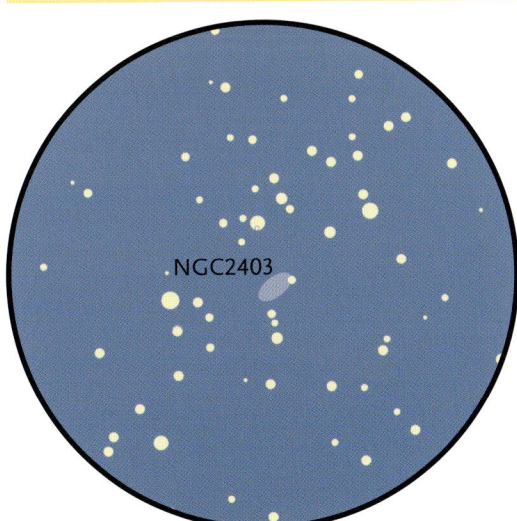
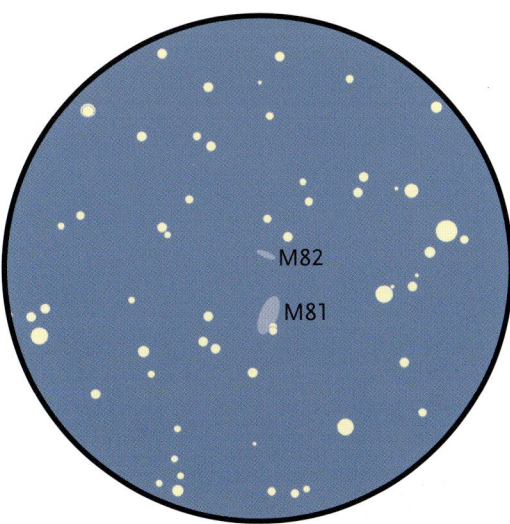
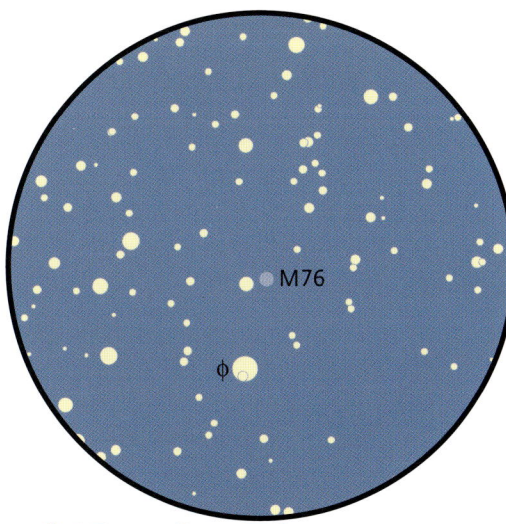

4 | NGC 2403

→ RA: 07ʰ 36ᵐ / Dek.: +65° 36′

Wie ein kleiner Bruder des Dreiecksnebels erscheint diese Spiralgalaxie im Sternbild Giraffe. Dank 8,2 mag kann sie bereits in einem großen Fernglas gesehen werden. Im Fernrohr erscheint NGC 2403 elliptisch, mit zwei hellen Vordergrundsternen.

5 | Messier 81 und 82

→ RA: 09ʰ 55ᵐ / Dek.: +69° 20′

Ein bekanntes Galaxien-Duo und Namensgeber einer kleinen Galaxiengruppe. M 81 ist eine helle Spiralgalaxie (6,9 mag), die im Teleskop leicht elliptisch erscheint. M 82 (8,4 mag) sehen wir von der Seite, wobei Dunkelwolkenstrukturen auffallen.

6 | Messier 76

→ RA: 01ʰ 42ᵐ / Dek.: +51° 34′

Der „kleine Bruder" des berühmten Hantelnebels M 27. Ein schwacher, kleiner Planetarischer Nebel (10,1 mag). Mit einem Teleskop ab 150 Millimeter Öffnung wird man seine „Keulen" sehen können. Ein Nebelfilter im Okular verstärkt deutlich den Kontrast.

Sternatlas: Die Nordpolregion

Sternatlas 0ʰ: Herbsthimmel

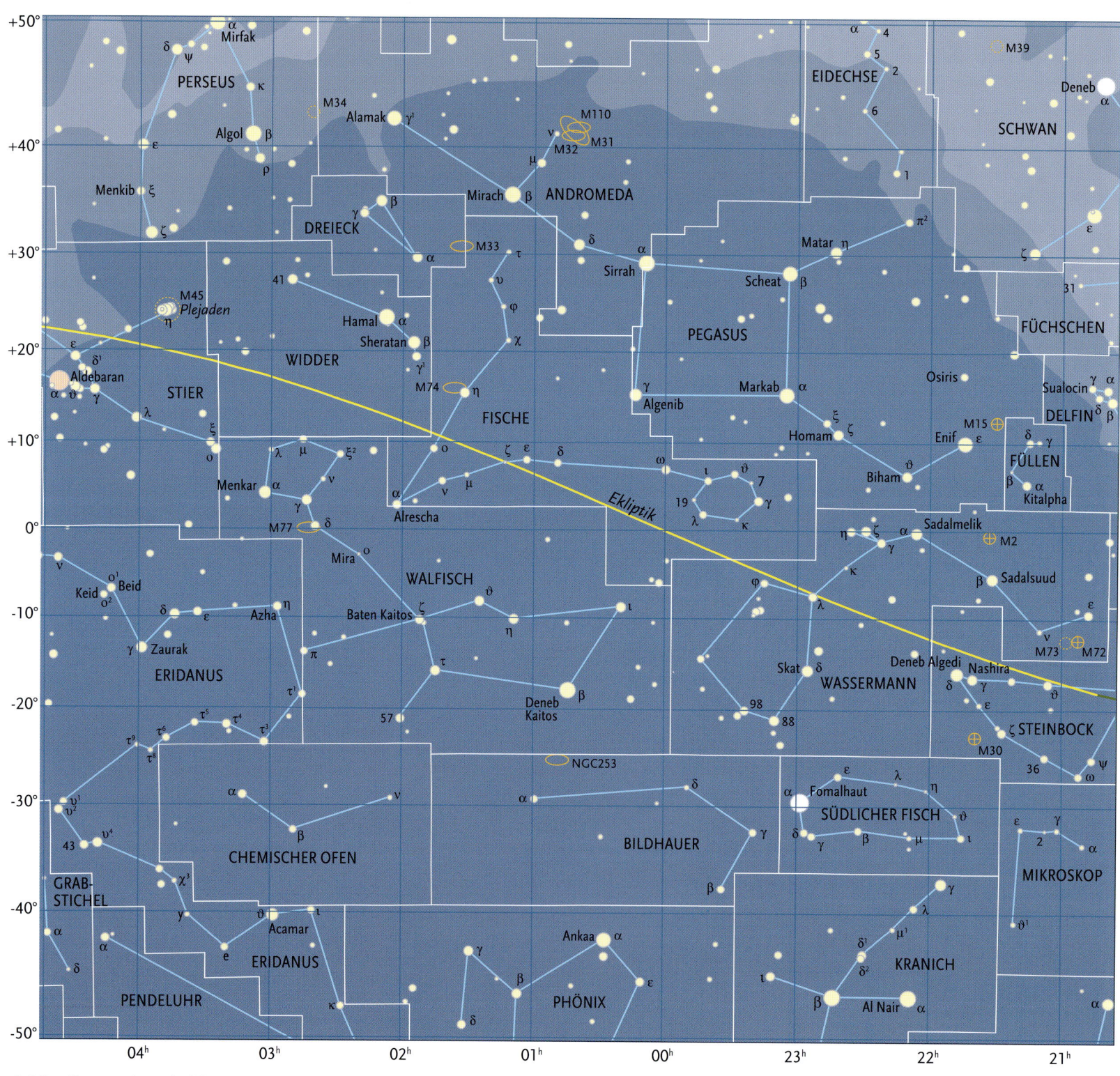

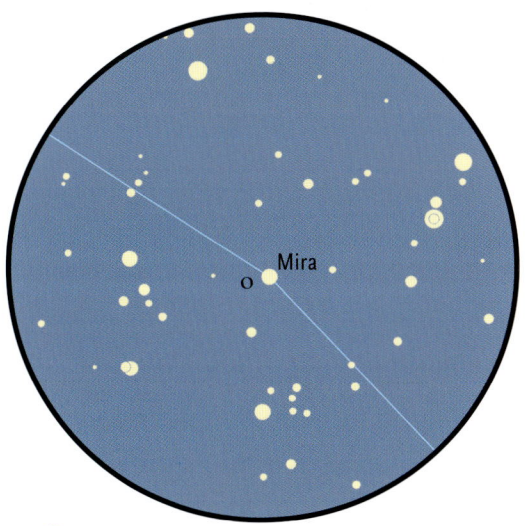

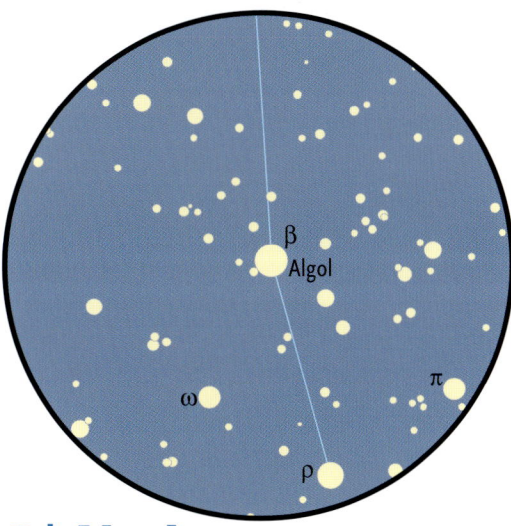

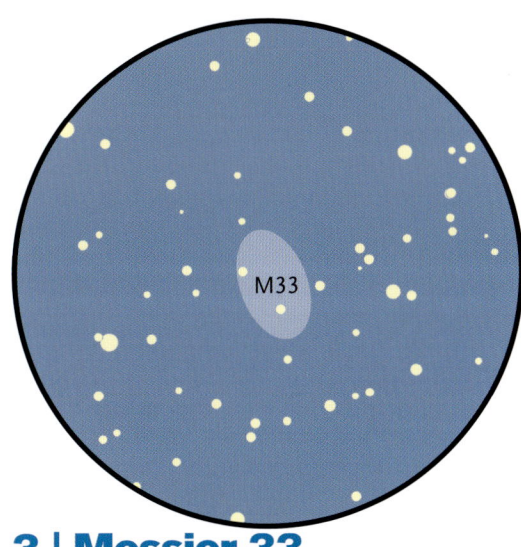

1 | Mira

→ RA: 02ʰ 19ᵐ / Dek.: −02° 58′

Omikron Ceti, besser bekannt als „Mira", ein langzeitveränderlicher Riesenstern, ist Prototyp einer ganzen Gattung. Seine Helligkeit fällt in gut 331 Tagen von hellen 2 mag auf 10 mag ab, so dass Mira meist nur im Teleskop als tiefrotes Sternchen zu sehen ist.

2 | Algol

→ RA: 03ʰ 08ᵐ / Dek.: +40° 57′

Mit einer Helligkeit von 1,2 mag ist Algol normalerweise der zweithellste Stern im Perseus. Allerdings verdecken sich mitunter die Komponenten des Doppelsterns gegenseitig, Algol ist dann nur noch 3,4 mag hell. Dieser Veränderliche Stern ist leicht zu beobachten.

3 | Messier 33

→ RA: 01ʰ 34ᵐ / Dek.: +30° 40′

Diese Galaxie bildet gemeinsam mit unserer Milchstraße und der Andromeda-Galaxie ein Trio. Die Helligkeit von 6,7 mag verteilt sich allerdings über eine große Fläche. Bei dunklem Himmel im Fernglas zu sehen, bei hellem Himmel auch nicht im Teleskop.

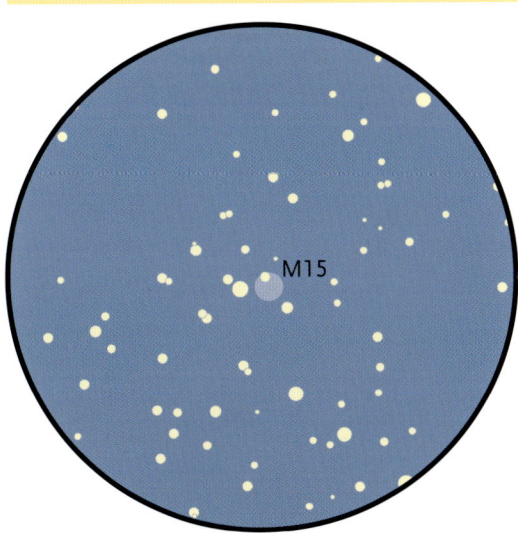

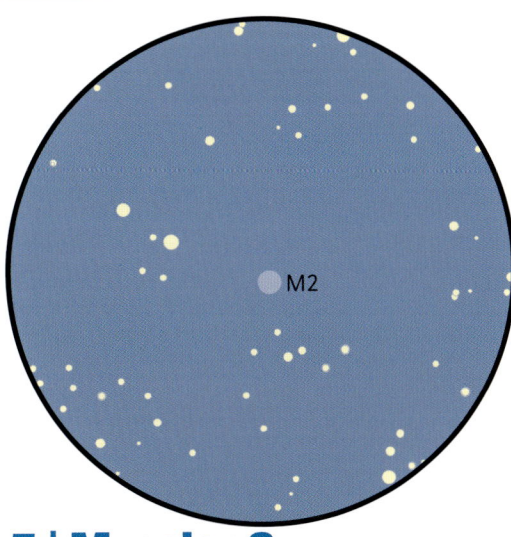

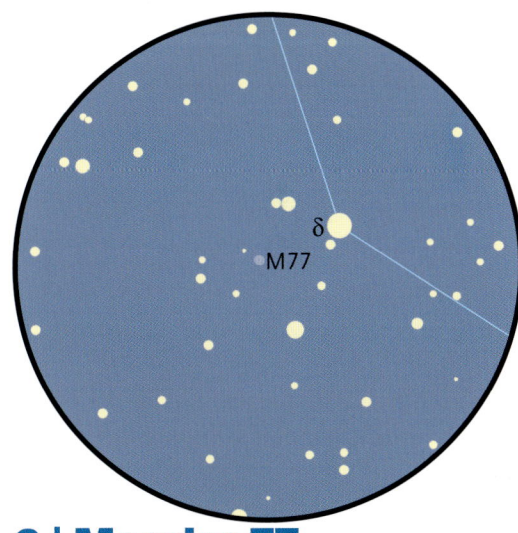

4 | Messier 15

→ RA: 21ʰ 30ᵐ / Dek.: +12° 10′

Das 6,4 mag helle Objekt ist einer der schönsten Kugelsternhaufen des Nordhimmels. Die dicht stehenden Sterne lassen sich leider erst ab 200 Millimeter Öffnung deutlich auflösen. Der winzige Planetarische Nebel „Pease 1" in M 15 ist etwas für sehr große Teleskope.

5 | Messier 2

→ RA: 21ʰ 34ᵐ / Dek.: −00° 48′

Der Kugelsternhaufen im Wassermann steht in einer recht sternarmen Region und ist daher nicht so leicht zu finden. Im Fernglas ist er aber leichter zu sehen als M 15. Toll ist der Anblick im Teleskop, ab 20 cm Öffnung erahnt man Einzelsterne.

6 | Messier 77

→ RA: 02ʰ 42ᵐ / Dek.: +00° 01′

Die Spiralgalaxie hat ein helles Kerngebiet und ist daher bereits in Ferngläsern von 80 Millimetern Objektivöffnung erkennbar. Im kleinen Amateurteleskop erscheint die 8,9 mag helle Galaxie als schwaches Scheibchen mit einem sternförmigen Kern.

Sternatlas 6ʰ: Winterhimmel

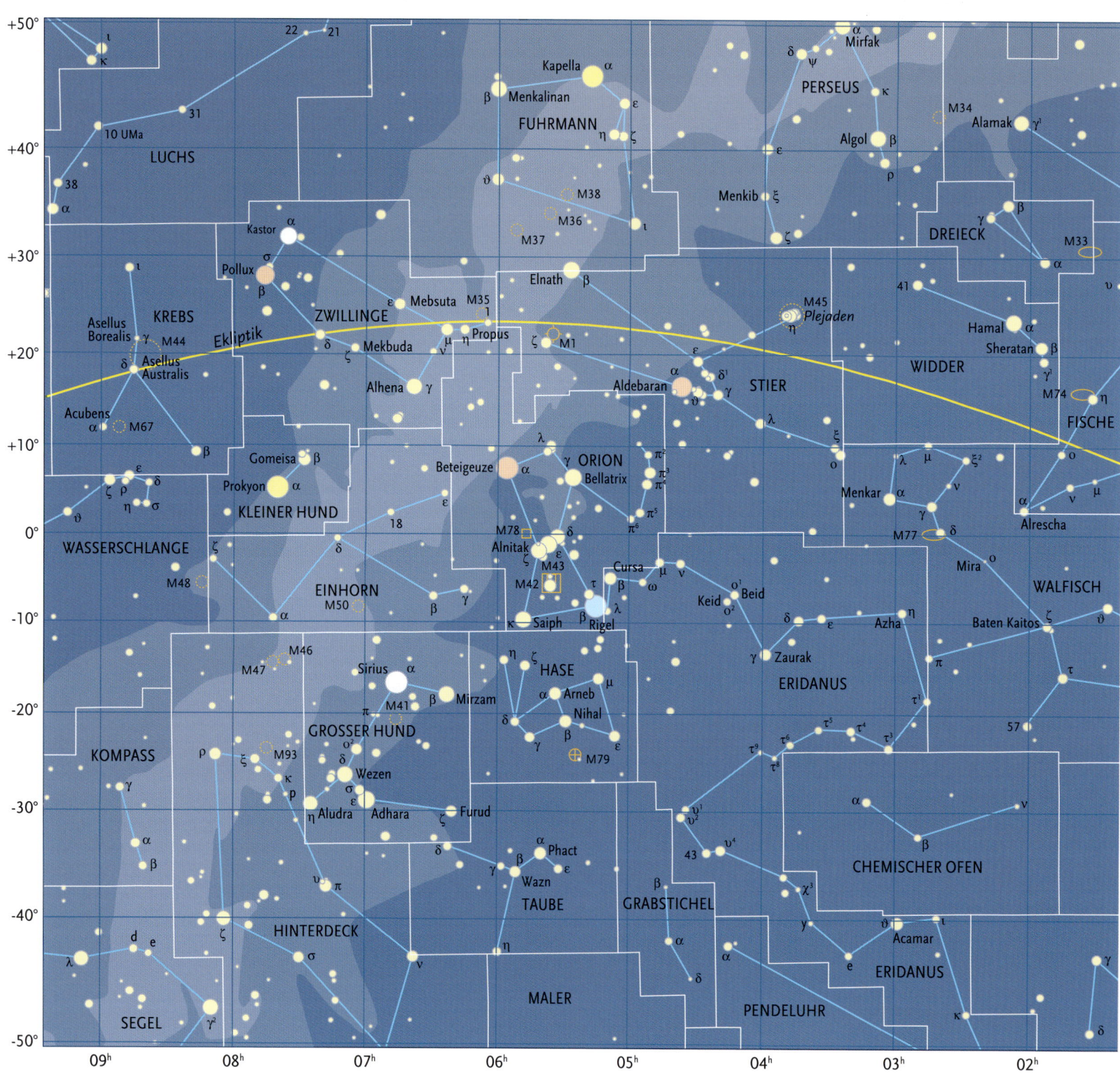

112 Sternatlas 6ʰ: Winterhimmel

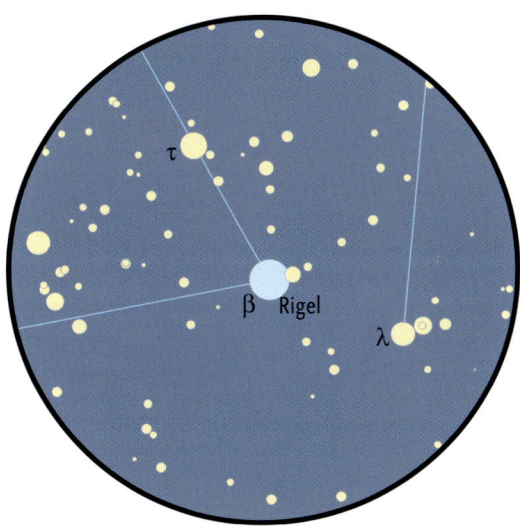

1 | Rigel

→ RA: 05^h 14^m / Dek.: −08° 12′

Der rechte Fußstern des Orion ist ein heißer, blauer Überriese und ein Doppelstern. Der 7,6 mag helle „Rigel B" steht im Strahlenkranz des hellen Rigel. Ein 10-Zentimeter-Teleskop sollte das ungleiche Paar bei ruhiger Luft trennen.

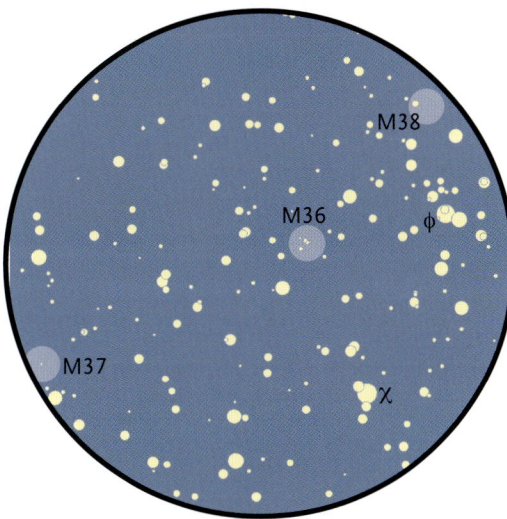

2 | Messier 36, 37, 38

→ RA: 05^h 36^m / Dek.: +34° 08′

Drei offene Sternhaufen im Fuhrmann. M 37 ist mit 6 mag und Vollmonddurchmesser hell und sehenswert. M 36 (6,5 mag) hat weniger, dafür hellere Einzelsterne. Im Fernglas zu erkennen, sehen die Haufen im Teleskop bei niedriger Vergrößerung am schönsten aus.

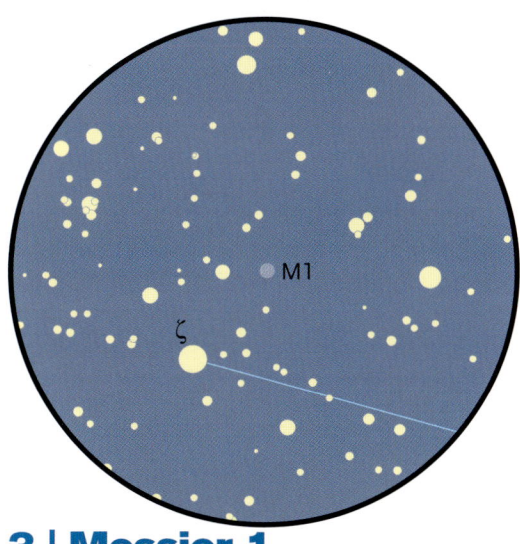

3 | Messier 1

→ RA: 05^h 34^m / Dek.: +22° 01′

Kein leichtes, aber ein faszinierendes Objekt. Neben dem recht hellen Stern Zeta Tauri finden Sie den „Krabbennebel" – leuchtender Überrest einer Supernovaexplosion. Das 9 mag helle Wölkchen benötigt schon 10, besser 15 Zentimeter Teleskopöffnung.

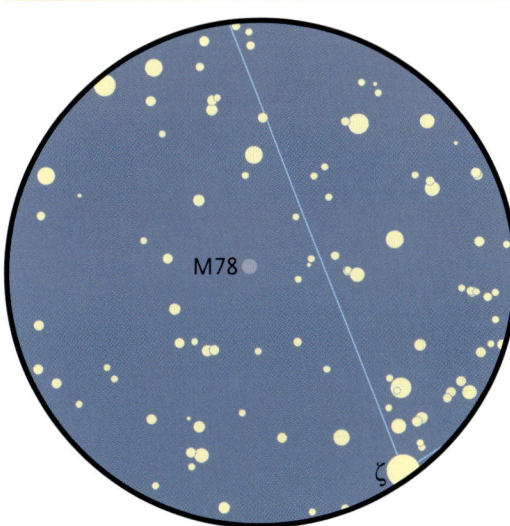

4 | Messier 78

→ RA: 05^h 46^m / Dek.: +00° 03′

Der 8,3 mag schwache M 78 ist der hellste (blaue) Reflexionsnebel am Himmel. Ein kleiner Schwenk oberhalb des linken Gürtelsterns führt Sie zu ihm. Heiße, blaue Sterne leuchten die beiden Nebelkomponenten an. Der Nebel ist im kleinen Teleskop leicht erkennbar.

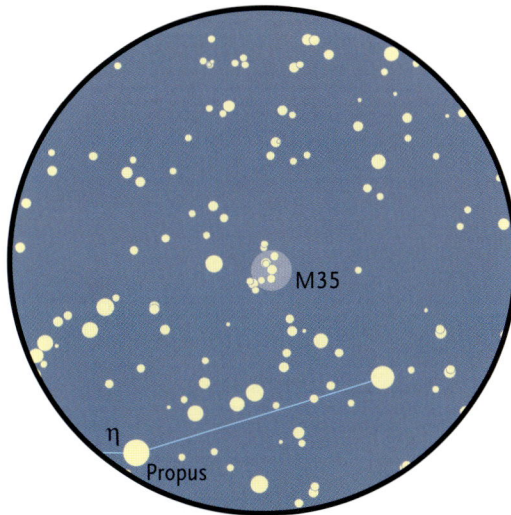

5 | Messier 35

→ RA: 06^h 09^m / Dek.: +24° 18′

Ein schöner Sternhaufen in den Zwillingen. Im Fernglas nur ein blasser Lichtfleck, wunderbar im Teleskop bei mittlerer Vergrößerung. Ein großes Teleskop zeigt auch den nahen, schwachen Sternhaufen NGC 2158.

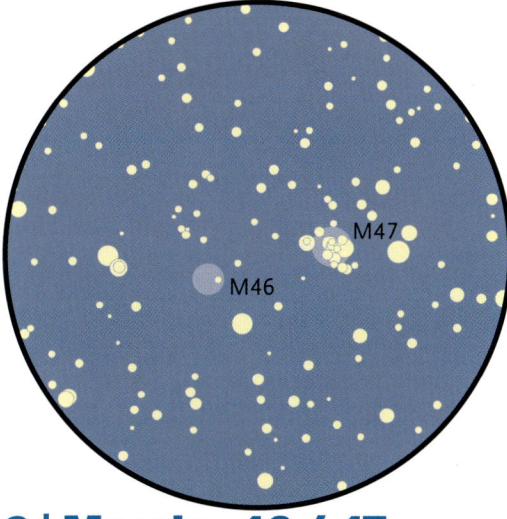

6 | Messier 46 / 47

→ RA: 07^h 40^m / Dek.: −14° 40′

Tief im Süden findet man die Sternhaufen M 46 und M 47 als zwei diffusen Wolken schwächerer Sterne. M 46 besitzt eine Besonderheit: der Planetarische Nebel NGC 2438 (10,1 mag) wird darin ab 15 Zentimetern Teleskopöffnung als blasses Scheibchen sichtbar.

Sternatlas 12ʰ: Frühlingshimmel

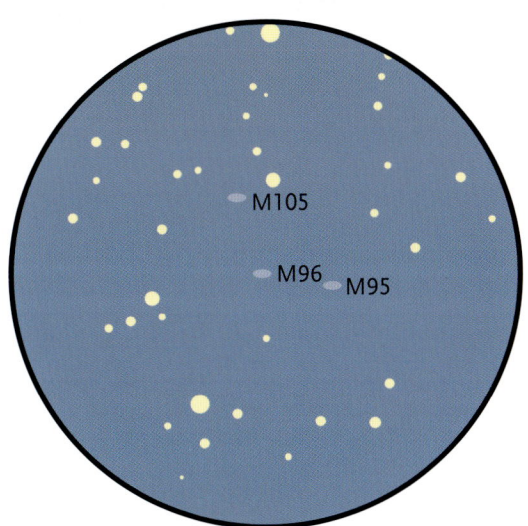

1 | Messier 96

→ RA: $10^h 46^m$ / Dek.: +11° 49′

Die 9,2 mag helle Galaxie bildet zusammen mit M 95, M 105 sowie NGC 3377, 3384, 3489 die Galaxiengruppe „Leo I Group". M 96 ist mit einem 10-Zentimeter-Teleskop deutlich zu sehen, die schwächeren Haufenmitglieder verlangen aber nach mehr Öffnung.

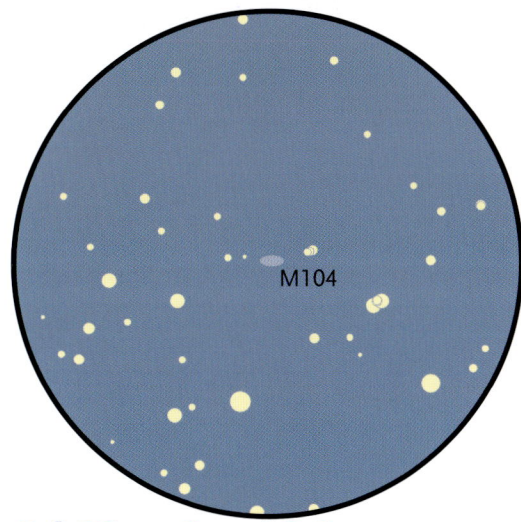

2 | Messier 104

→ RA: $12^h 39^m$ / Dek.: -11° 37′

Am Rand des Virgo-Galaxienhaufens steht diese Galaxie. Sie sehen hier seitlich auf das Staubband der spindelförmigen Galaxie, daher ihr Spitzname „Sombrero-Nebel". M 104 ist 8,3 mag hell und mit einem Teleskop von 8 bis 10 Zentimetern zu sehen.

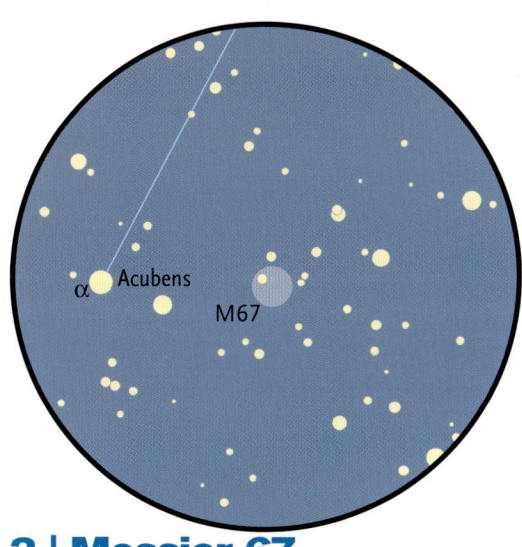

3 | Messier 67

→ RA: $08^h 51^m$ / Dek.: +11° 48′

Der 6,9 mag helle Offene Sternhaufen fristet zu Unrecht ein Schattendasein unterhalb des prächtigen Praesepe-Haufens. Mit rund 4 Milliarden Jahren ein alter Haufen. Mit dem Fernglas leicht zu finden, zeigt Ihr Teleskop ab 100 Millimeter Öffnung rund 500 Sterne.

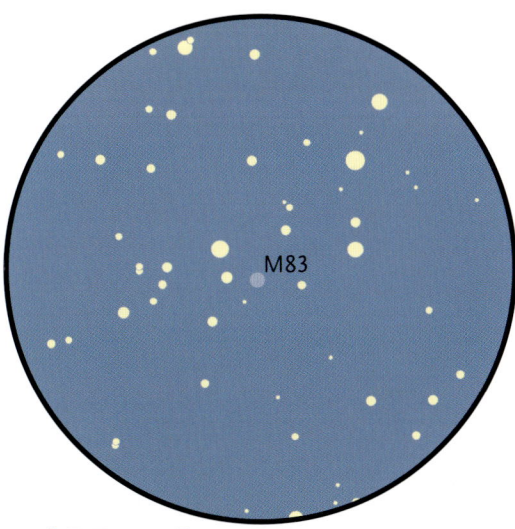

4 | Messier 83

→ RA: $13^h 37^m$ / Dek.: −29° 52′

Mit 7,5 mag zwar recht hell, steht die Galaxie von Mitteleuropa aus leider tief am Horizont. Im Teleskop sehen Sie die Balkenspirale genau von oben. Ab 150 Millimeter Öffnung erscheint M 83 unter günstigen Bedingungen als dicht geschwungenes S.

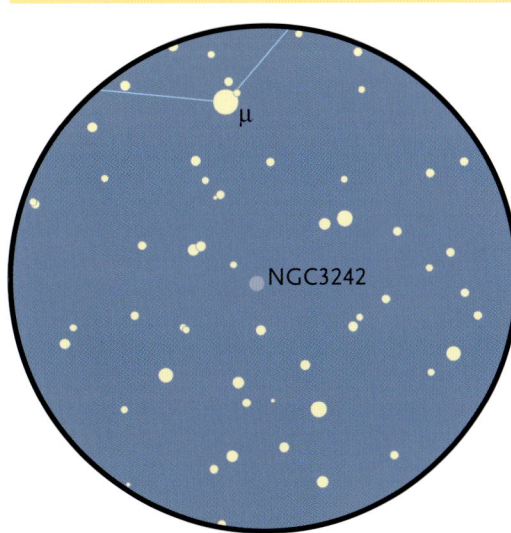

5 | NGC 3242

→ RA: $10^h 24^m$ / Dek.: −18° 38′

„Jupiters Geist" ist ein Planetarischer Nebel, dessen Ausdehnung und Gestalt Ähnlichkeit mit dem Planeten Jupiter aufweist. Das 7,7 mag helle Objekt verträgt bei 100 Millimeter Teleskopöffnung auch höhere Vergrößerungen bis 150-fach.

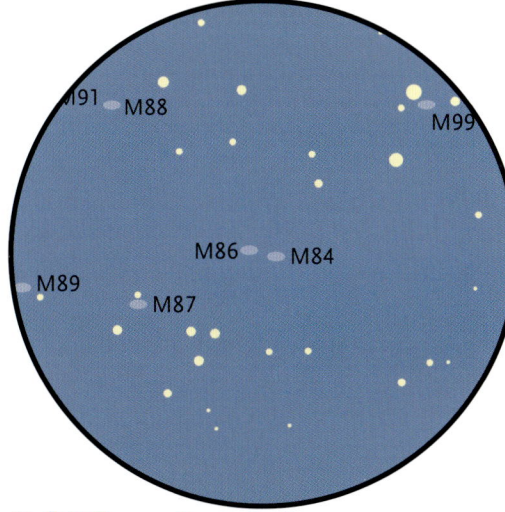

6 | Messier 84

→ RA: $12^h 25^m$ / Dek.: +12° 53′

Diese Galaxie befindet sich im Zentrum des Virgo-Galaxienhaufens. Ausgehend von M 84 können Sie mit einem Teleskop ab 10 Zentimeter Öffnung zwischen Löwe und Jungfrau zahlreiche Galaxien entdecken. Besser ist ein Spiegelteleskop ab 20 Zentimeter Öffnung.

Sternatlas 18ʰ: Sommerhimmel

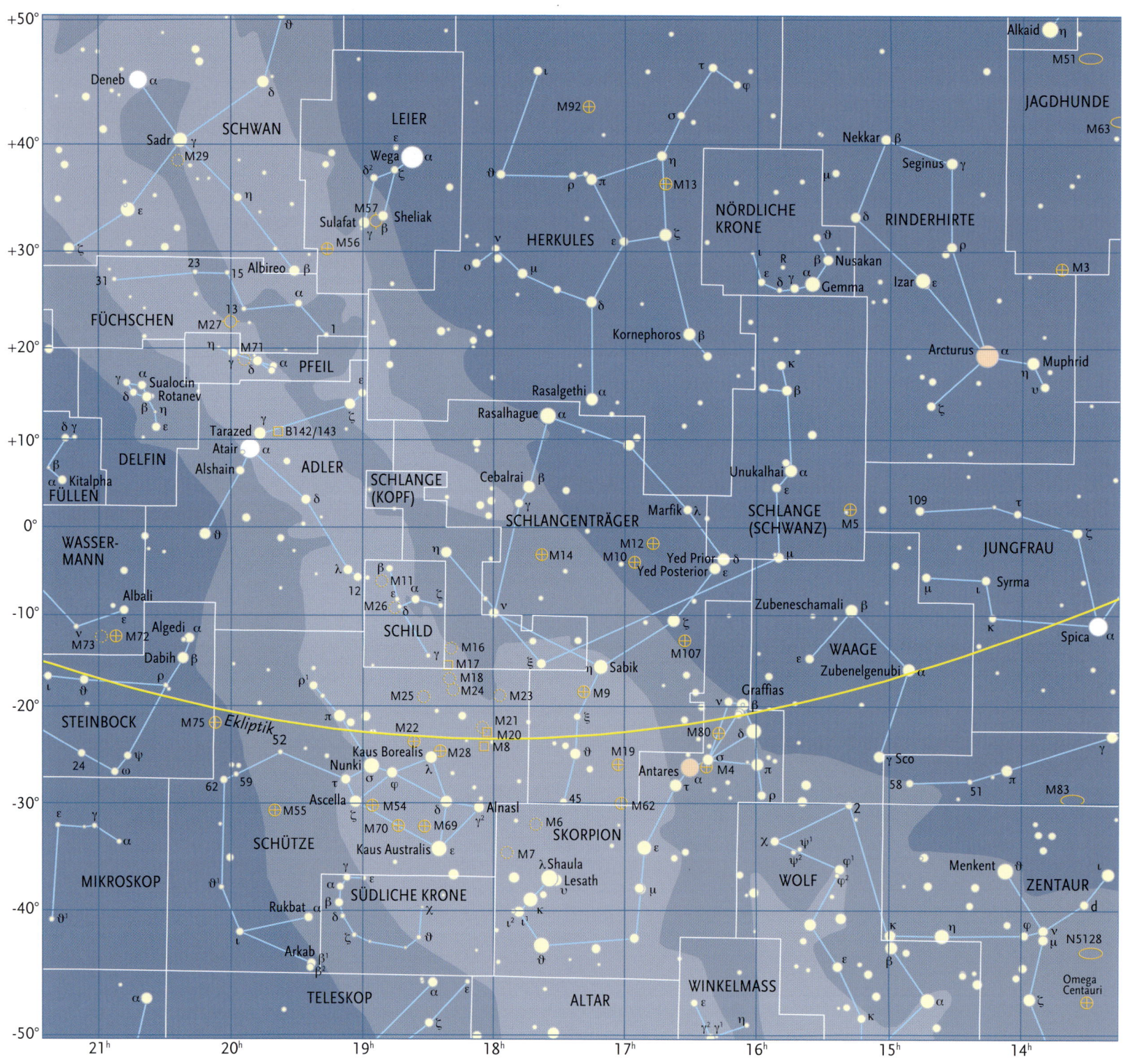

116 Sternatlas 18ʰ: Sommerhimmel

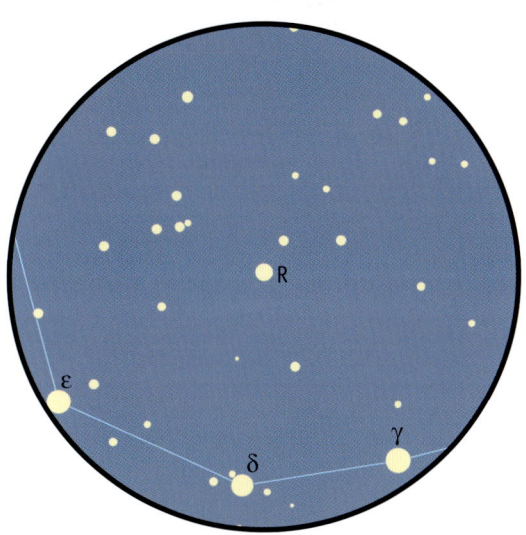

1 | R Coronae Borealis

→ RA: $15^h 48^m$ / Dek.: +28° 09'

Der maximal 5,9 mag helle Stern „R CrB" ist der Prototyp von veränderlichen Kohlenstoff-Sternen. Dies sind rote Überriesen, bei denen gewaltige Kohlenstoffwolken den Stern verdunkeln. Die Helligkeitseinbrüche um 1 bis 10 mag können Tage bis Wochen andauern.

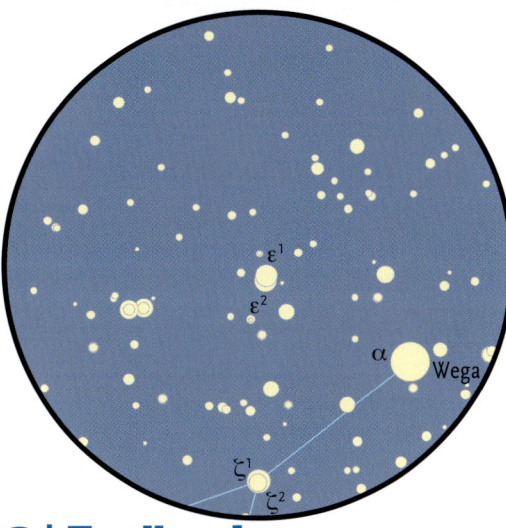

2 | Epsilon Lyrae

→ RA: $18^h 44^m$ / Dek.: +39° 42'

Berühmter Doppelstern mit 6,1 und 5,2 mag. Beide Hauptkomponenten sind wiederum doppelt: die Abstände von 2,0 und 2,4 Bogensekunden sind ein Leistungstest für kleine Refraktoren. Ab 100 Millimeter Öffnung sind die vier Sterne leicht zu beobachten.

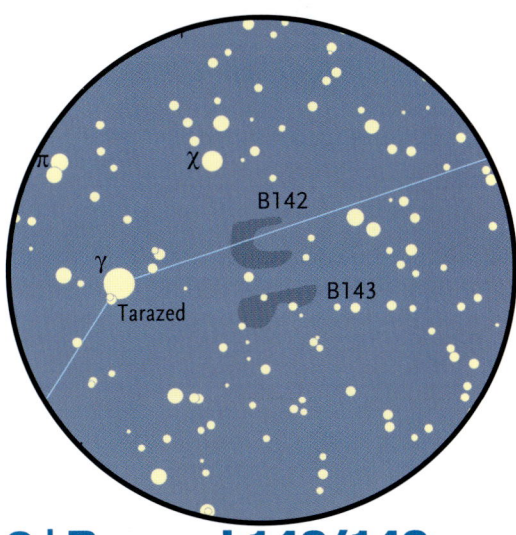

3 | Barnard 142/143

→ RA: $19^h 40^m$ / Dek.: +12° 19'

In der Verlängerung von Atair und Tarazed steht eine E-förmige Dunkelwolke, die das Licht der dahinter stehenden Sterne verschluckt. Ein besonders klarer, streulichtarmer Himmel hilft beim Auffinden mit Fernglas oder niedrig vergrößerndem Teleskop.

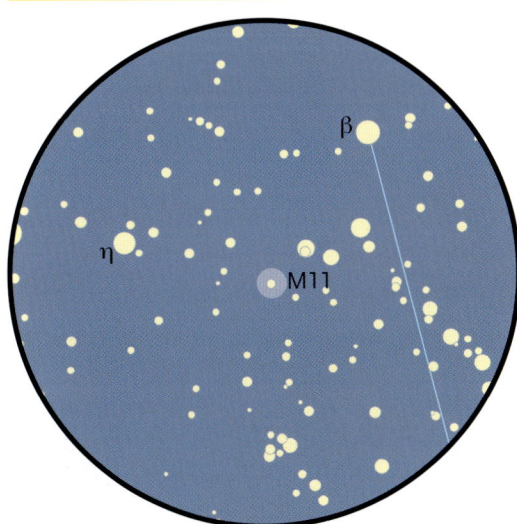

4 | Messier 11

→ RA: $18^h 51^m$ / Dek.: −06° 18'

Ein schöner Sternhaufen, der aufgrund seiner hohen Sterndichte immer wieder mit einem Kugelsternhaufen verwechselt wird. Bereits im Fernglas ist M 11 für Sie leicht beobachtbar. Ein Fernrohr ab 150 Millimeter Öffnung zeigt die ganze Sternfülle.

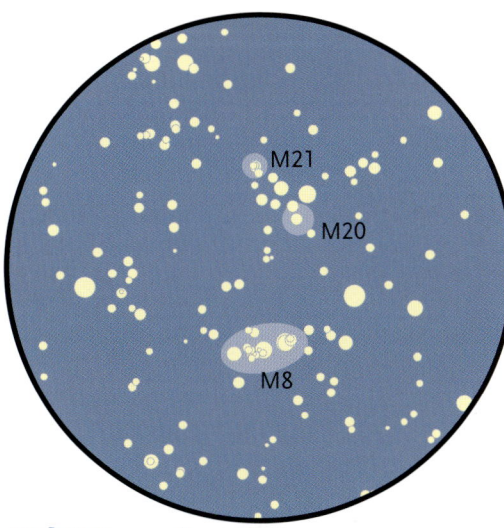

5 | Messier 8

→ RA: $18^h 03^m$ / Dek.: −24° 23'

Tief im Süden des Sternbildes Schütze findet sich der 6,0 mag helle Lagunennebel. Das Fernglas zeigt einen länglichen Nebelfleck, im Fernrohr von 100 Millimeter Öffnung werden eingebettete Sterne und Dunkelwolken sichtbar. Gute Horizontsicht notwendig!

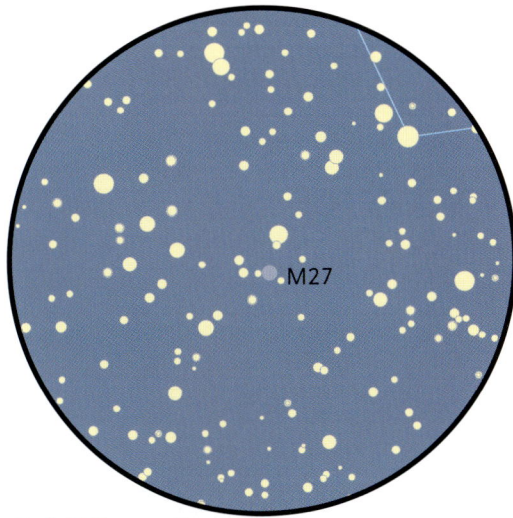

6 | Messier 27

→ RA: $20^h 00^m$ / Dek.: +22° 42'

Einer der hellsten und bekanntesten Planetarischen Nebel steht im unscheinbaren Sternbild Füchschen. Der 7,6 mag helle Nebel hat bereits im kleinen Fernrohr eine asymmetrische Form, die namensgebende Hantel sehen Sie ab 150 Millimeter Öffnung.

Sternatlas: Die Südpolregion

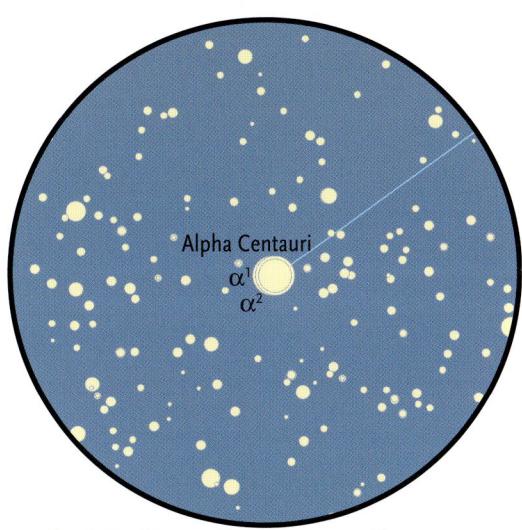
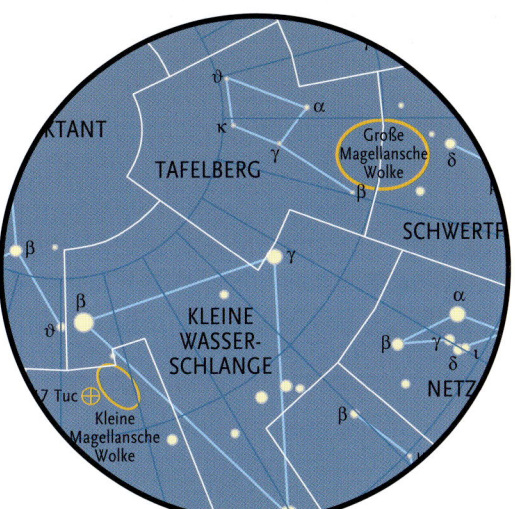
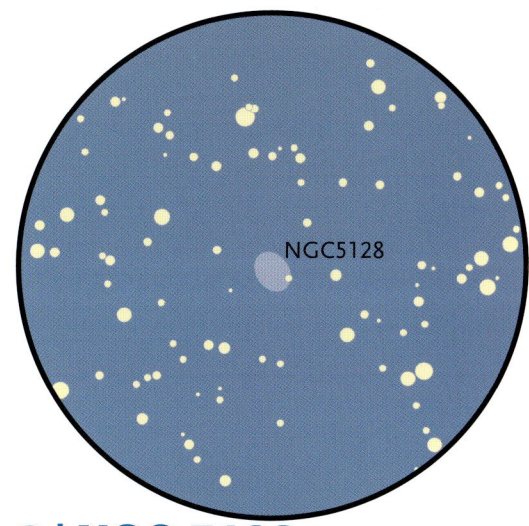

1 | Alpha Centauri

→ RA: $14^h 40^m$ / Dek.: −60° 48′

Ein Teleskop mit 60 Millimeter Öffnung trennt das Sternsystem in seine zwei Hauptkomponenten. Beide werden von dem Zwergstern Proxima Centauri (11 mag) umflogen. Alpha ist mit einem Fernglas zu beobachten, Proxima im 100-Millimeter-Teleskop.

2 | Magellansche Wolken

→ RA: $05^h 24^m$ / Dek.: −69° 00′
→ RA: $00^h 53^m$ / Dek.: −73° 00′

Zwei Nachbargalaxien unserer Milchstraße. Beide sind deutlich mit bloßem Auge zu sehen. Mit dem Teleskop kann man mit jeder der beiden Stunden verbringen.

3 | NGC 5128

→ RA: $13^h 25^m$ / Dek.: −43° 01′

Eine ungewöhnliche, kugelförmig wirkende Galaxie, die durch ein mächtiges Staubband getrennt wird. Das 7,0 mag helle Objekt ist bereits im Fernglas leicht zu beobachten, ein Teleskop mit 150 Millimetern Öffnung zeigt Details im Staubband.

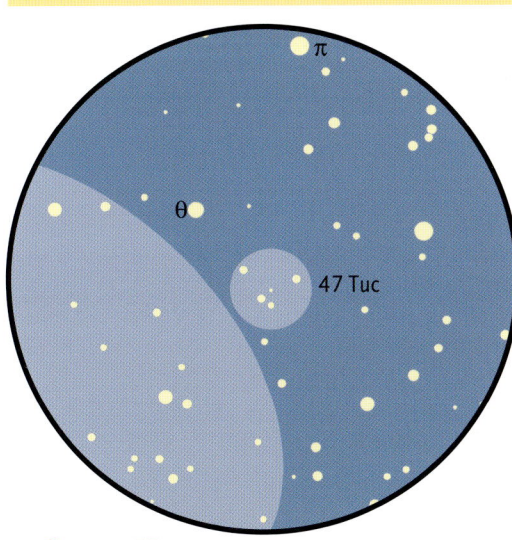
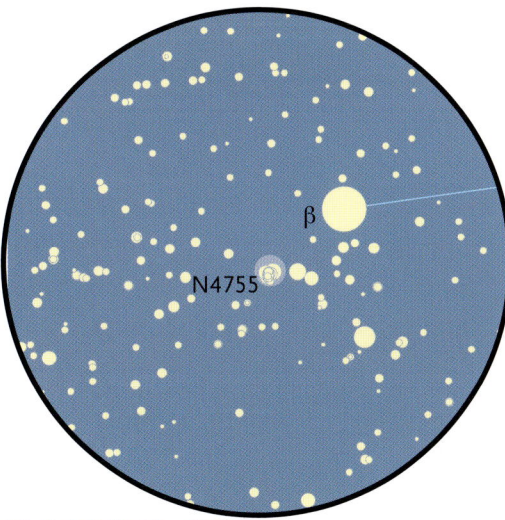
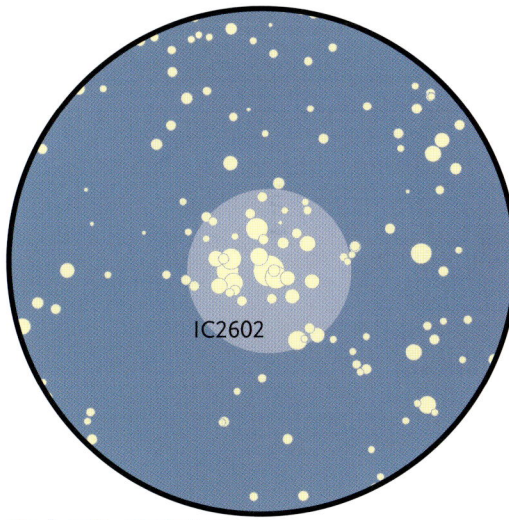

4 | 47 Tucanae

→ RA: $00^h 24^m$ / Dek.: −72° 04′

Nach Omega Centauri ist 47 Tucanae der hellste Kugelsternhaufen unserer Milchstraße. Das 4,0-mag-Objekt zeigt bereits bei 80 Millimetern Öffnung erste Einzelsterne, ein Teleskop mit 100 Millimetern kann ihn sogar völlig auflösen.

5 | NGC 4755

→ RA: $12^h 53^m$ / Dek.: −60° 20′

Das „Schmuckkästchen": ein wunderschöner Sternhaufen, der mit 4,2 mag sehr hell ist. Unter den 50 Haufenmitgliedern finden sich fünf helle, blauweiße „Diamanten" und ein schöner orangeroter Riesenstern. Ein herrliches Fernglas-Objekt.

6 | IC 2602

→ RA: $10^h 43^m$ / Dek.: −64° 22′

Trotz seiner exotischen Katalogbezeichnung ist IC 2602 der schönste Haufen im Sternbild Carina. Seine blauweißen Sterne verleihen ihm das Erscheinungsbild südlicher Plejaden-Sterne. Leicht mit dem bloßen Auge, im Fernglas am schönsten zu sehen.

Die Messier-Objekte

Die Liste des französischen Kometenbeobachters Charles Messier vereinigt die meisten hellen und interessanten Himmelsobjekte am mitteleuropäischen Nachthimmel. Mit einem Teleskop von 100 bis 150 Millimeter Öffnung sind nahezu alle Objekte gut zu beobachten.

In die Beurteilung des in der Tabelle genannten Schwierigkeitsgrades für den Beobachter sind die eigentliche Objekthelligkeit, aber auch Bewertungen zur Auffindbarkeit oder Horizontlage eingeflossen. Individuelle Wahrnehmungen können natürlich davon abweichen.

Nr.	Typ	Sternbild	Schwierigkeit	RA	Dekl.
M 1	Supernova-Überrest	Stier	anspruchsvoll	5h 34m	+22° 01'
M 2	Kugelsternhaufen	Wassermann	mittel	21h 33m	−00° 49'
M 3	Kugelsternhaufen	Jagdhunde	Einsteiger	13h 42m	+28° 23'
M 4	Kugelsternhaufen	Skorpion	Einsteiger	16h 23m	−26° 31'
M 5	Kugelsternhaufen	Schlange	mittel	15h 18m	+02° 05'
M 6	Offener Sternhaufen	Skorpion	Einsteiger	17h 40m	−32° 12'
M 7	Offener Sternhaufen	Skorpion	Einsteiger	17h 54m	−34° 49'
M 8	Gasnebel	Schütze	mittel	18h 03m	−24° 23'
M 9	Kugelsternhaufen	Schlangenträger	anspruchsvoll	17h 19m	−18° 31'
M 10	Kugelsternhaufen	Schlangenträger	anspruchsvoll	16h 57m	−04° 06'
M 11	Offener Sternhaufen	Schild	Einsteiger	18h 51m	−06° 16'
M 12	Kugelsternhaufen	Schlangenträger	anspruchsvoll	16h 47m	−01° 57'
M 13	Kugelsternhaufen	Herkules	Einsteiger	16h 41m	+36° 28'
M 14	Kugelsternhaufen	Schlangenträger	anspruchsvoll	17h 37m	−03° 15'
M 15	Kugelsternhaufen	Pegasus	Einsteiger	21h 30m	+12° 10'
M 16	Gasnebel	Schlange	mittel	18h 18m	−13° 47'
M 17	Gasnebel	Schütze	Einsteiger	18h 20m	−16° 10'
M 18	Offener Sternhaufen	Schütze	anspruchsvoll	18h 19m	−17° 08'
M 19	Kugelsternhaufen	Schlangenträger	anspruchsvoll	17h 02m	−26° 16'
M 20	Gasnebel	Schütze	anspruchsvoll	18h 02m	−23° 02'
M 21	Offener Sternhaufen	Schütze	mittel	18h 04m	−22° 30'
M 22	Kugelsternhaufen	Schütze	mittel	18h 36m	−23° 54'
M 23	Offener Sternhaufen	Schütze	anspruchsvoll	17h 56m	−19° 01'
M 24	Milchstraßenwolke	Schütze	Einsteiger	18h 18m	−18° 25'
M 25	Offener Sternhaufen	Schütze	mittel	18h 31m	−19° 14'
M 26	Offener Sternhaufen	Schild	anspruchsvoll	18h 45m	−09° 24'
M 27	Planetarischer Nebel	Füchschen	Einsteiger	19h 59m	+22° 43'
M 28	Kugelsternhaufen	Schütze	anspruchsvoll	18h 24m	−24° 52'
M 29	Offener Sternhaufen	Schwan	anspruchsvoll	20h 24m	+38° 31'
M 30	Kugelsternhaufen	Steinbock	anspruchsvoll	21h 40m	−23° 11'
M 31	Galaxie	Andromeda	Einsteiger	0h 42m	+41° 16'
M 32	Galaxie	Andromeda	Einsteiger	0h 42m	+40° 52'
M 33	Galaxie	Dreieck	anspruchsvoll	1h 33m	+30° 39'
M 34	Offener Sternhaufen	Perseus	mittel	2h 42m	+42° 47'
M 35	Offener Sternhaufen	Zwillinge	Einsteiger	6h 08m	+24° 20'
M 36	Offener Sternhaufen	Fuhrmann	Einsteiger	5h 36m	+34° 08'
M 37	Offener Sternhaufen	Fuhrmann	Einsteiger	5h 53m	+32° 33'
M 38	Offener Sternhaufen	Fuhrmann	Einsteiger	5h 25m	+35° 50'
M 39	Offener Sternhaufen	Schwan	anspruchsvoll	21h 32m	+48° 26'
M 40	Doppelstern	Großer Bär	anspruchsvoll	12h 22m	+58° 05'
M 41	Offener Sternhaufen	Großer Hund	Einsteiger	6h 47m	−20° 46'
M 42	Gasnebel	Orion	Einsteiger	5h 35m	−05° 23'
M 43	Gasnebel	Orion	Einsteiger	5h 35m	−05° 15'
M 44	Offener Sternhaufen	Krebs	Einsteiger	8h 40m	+20° 00'
M 45	Offener Sternhaufen	Stier	Einsteiger	3h 47m	+24° 07'
M 46	Offener Sternhaufen	Puppis	anspruchsvoll	7h 41m	−14° 49'
M 47	Offener Sternhaufen	Puppis	anspruchsvoll	7h 36m	−14° 29'
M 48	Offener Sternhaufen	Wasserschlange	mittel	8h 13m	−05° 48'
M 49	Galaxie	Jungfrau	anspruchsvoll	12h 02m	+08° 00'
M 50	Offener Sternhaufen	Einhorn	anspruchsvoll	7h 03m	−08° 21'
M 51	Galaxie	Jagdhunde	mittel	13h 29m	+47° 12'
M 52	Offener Sternhaufen	Cassiopeia	mittel	23h 22m	+61° 20'
M 53	Kugelsternhaufen	Coma Berenices	anspruchsvoll	13h 10m	+18° 26'
M 54	Kugelsternhaufen	Schütze	anspruchsvoll	18h 55m	−30° 28'
M 55	Kugelsternhaufen	Schütze	anspruchsvoll	19h 40m	−30° 57'
M 56	Kugelsternhaufen	Leier	anspruchsvoll	19h 16m	+30° 11'
M 57	Planetarischer Nebel	Leier	Einsteiger	18h 53m	+33° 02'
M 58	Galaxie	Jungfrau	anspruchsvoll	12h 37m	+11° 49'
M 59	Galaxie	Jungfrau	anspruchsvoll	12h 42m	+11° 39'
M 60	Galaxie	Jungfrau	anspruchsvoll	12h 43m	+11° 33'
M 61	Galaxie	Jungfrau	anspruchsvoll	12h 21m	+04° 28'
M 62	Kugelsternhaufen	Schlangenträger	anspruchsvoll	17h 01m	−30° 07'
M 63	Galaxie	Jagdhunde	anspruchsvoll	13h 15m	+42° 02'
M 64	Galaxie	Coma Berenices	anspruchsvoll	12h 56m	+21° 41'
M 65	Galaxie	Löwe	mittel	11h 18m	+13° 06'
M 66	Galaxie	Löwe	mittel	11h 20m	+13° 00'
M 67	Offener Sternhaufen	Krebs	anspruchsvoll	8h 51m	+11° 48'
M 68	Kugelsternhaufen	Wasserschlange	anspruchsvoll	12h 29m	−26° 45'
M 69	Kugelsternhaufen	Schütze	anspruchsvoll	18h 31m	−32° 21'
M 70	Kugelsternhaufen	Schütze	anspruchsvoll	18h 43m	−32° 17'
M 71	Kugelsternhaufen	Pfeil	anspruchsvoll	19h 53m	+18° 47'
M 72	Kugelsternhaufen	Wassermann	anspruchsvoll	20h 53m	−12° 32'
M 73	Offener Sternhaufen	Wassermann	anspruchsvoll	20h 59m	−12° 38'
M 74	Galaxie	Fische	anspruchsvoll	1h 36m	+15° 74'

▲ M 8, der Lagunennebel im Schütze

▲ M 13, der Kugelsternhaufen im Herkules

▲ M 31, die Andromeda-Galaxie

▲ M 42, der Orion-Nebel

▲ M 45, die Plejaden im Stier

Praxistipp

→ Auf zum Messier-Marathon

Nein, hier geht es nicht darum, mit einem Teleskop über Stock und Stein zu rennen. Während eines kleinen Zeitfensters Anfang bis Mitte März sind in einer einzigen mondlosen, klaren Nacht nahezu alle Messier-Objekte zu beobachten. Dieser „Messier-Marathon" ist bei vielen Beobachtern ein geselliger Spaß. Im Internet finden sich hierzu weitere Informationen.

Nr.	Typ	Sternbild	Schwierigkeit	RA	Dekl.	Nr.	Typ	Sternbild	Schwierigkeit	RA	Dekl.
M 75	Kugelsternhaufen	Schütze	anspruchsvoll	$20^h 06^m$	−21° 55′	M 93	Offener Sternhaufen	Puppis	anspruchsvoll	$7^h 44^m$	−23° 53′
M 76	Planetarischer Nebel	Perseus	anspruchsvoll	$1^h 42^m$	+51° 34′	M 94	Galaxie	Jagdhunde	anspruchsvoll	$12^h 50^m$	+41° 07′
M 77	Galaxie	Walfisch	anspruchsvoll	$2^h 42^m$	−00° 01′	M 95	Galaxie	Löwe	anspruchsvoll	$10^h 44^m$	+11° 42′
M 78	Gasnebel	Orion	mittel	$5^h 46^m$	+00° 04′	M 96	Galaxie	Löwe	anspruchsvoll	$10^h 46^m$	+14° 54′
M 79	Kugelsternhaufen	Hase	anspruchsvoll	$5^h 24^m$	−24° 31′	M 97	Planetarischer Nebel	Großer Bär	mittel	$11^h 14^m$	+55° 01′
M 80	Kugelsternhaufen	Skorpion	anspruchsvoll	$16^h 17^m$	−22° 59′	M 98	Galaxie	Coma Berenices	anspruchsvoll	$12^h 13^m$	+14° 54′
M 81	Galaxie	Großer Bär	mittel	$9^h 55^m$	+69° 04′	M 99	Galaxie	Coma Berenices	anspruchsvoll	$12^h 18^m$	+14° 25′
M 82	Galaxie	Großer Bär	mittel	$9^h 56^m$	+69° 42′	M100	Galaxie	Coma Berenices	anspruchsvoll	$12^h 22^m$	+15° 49′
M 83	Galaxie	Wasserschlange	anspruchsvoll	$13^h 37^m$	−29° 52′	M101	Galaxie	Großer Bär	anspruchsvoll	$14^h 03^m$	+54° 21′
M 84	Galaxie	Jungfrau	anspruchsvoll	$12^h 25^m$	+12° 53′	M102	Galaxie	Drache	anspruchsvoll	$15^h 06^m$	+55° 45′
M 85	Galaxie	Coma Berenices	anspruchsvoll	$12^h 25^m$	+18° 11′	M103	Offener Sternhaufen	Cassiopeia	mittel	$1^h 33^m$	+60° 42′
M 86	Galaxie	Jungfrau	anspruchsvoll	$12^h 26^m$	+12° 57′	M104	Galaxie	Jungfrau	mittel	$12^h 40^m$	−11° 37′
M 87	Galaxie	Jungfrau	anspruchsvoll	$12^h 30^m$	+12° 23′	M105	Galaxie	Löwe	anspruchsvoll	$10^h 47^m$	+12° 35′
M 88	Galaxie	Coma Berenices	anspruchsvoll	$12^h 32^m$	+14° 25′	M106	Galaxie	Jagdhunde	anspruchsvoll	$12^h 19^m$	+47° 18′
M 89	Galaxie	Jungfrau	anspruchsvoll	$12^h 35^m$	+12° 33′	M107	Kugelsternhaufen	Schlangenträger	anspruchsvoll	$16^h 32^m$	−13° 03′
M 90	Galaxie	Jungfrau	Anspruchsvoll	$12^h 36^m$	+13° 10′	M108	Galaxie	Großer Bär	mittel	$11^h 11^m$	+55° 40′
M 91	Galaxie	Coma Berenices	anspruchsvoll	$12^h 35^m$	+14° 30′	M109	Galaxie	Großer Bär	anspruchsvoll	$11^h 57^m$	+53° 22′
M 92	Kugelsternhaufen	Herkules	anspruchsvoll	$17^h 17^m$	+43° 08′	M110	Galaxie	Andromeda	Einsteiger	$0^h 40^m$	+41° 41′

Buchtipps, Links und Adressen

Buchtipps aus dem Kosmos-Verlag

Feitzinger, J. V.: Galaxien und Kosmologie
Aufbau und Entwicklung des Universums

Hahn, H. M.: Was tut sich am Himmel
Das Pocket-Jahrbuch für neugierige Naturbeobachter; erscheint jährlich im Sommer

Hahn, H. M.: Welches Sternbild ist das?
Der kleine Sternführer für die Jackentasche

Herrmann, J: Welcher Stern ist das?
Der Klassiker für erste Himmelstouren

Keller, H.-U.: Kosmos Himmelsjahr
Das beliebteste Astronomie-Jahrbuch; erscheint jährlich im Herbst

Klötzler, H.-J.:
Das Astro-Teleskop für Einsteiger
Vom Fernglas bis zum Spiegelteleskop

Lorenzen, D. H.: Raumlabor Columbus
Leben und forschen auf der Internationalen Raumstation

Mackowiak, B.:
Der Kosmos-Reiseführer Universum
Eine Reise durch das Weltall

Schittenhelm, K.:
Sterne finden ganz einfach
Die 25 schönsten Sternbilder

Seip, S.: Himmelsfotografie mit der digitalen Spiegelreflexkamera
Die schönsten Motive bei Tag und Nacht

Zeitschriften

Astronomie und Raumfahrt im Unterricht
Erhard-Friedrich-Verlag
Astronomie-Zeitschrift für Lehrer

Interstellarum
Oculum-Verlag
Zeitschrift für fortgeschrittene Hobby-Astronomen

Journal für Astronomie
Vereinigung der Sternfreunde e.V.
Das Mitgliedermagazin der VdS mit vielen Praxisbeiträgen

Sterne und Weltraum
Spektrum Verlag
Das führende Astronomie-Magazin

Orion
Schweizerische Astronomische Gesellschaft
Die Astronomie-Zeitschrift in der Schweiz

Sternkarten und -atlanten

Dunlop, S.; Tirion, W.:
Drehbare Sternkarte Polaris
Sehr große und detailreiche Sternkarte

Hahn, H. M.; Weiland G.:
Sternkarte für Einsteiger
Sternkarte easy – ein Dreh genügt

Hahn, H. M.; Weiland G.:
Nachtleuchtende Sternkarte f. Einsteiger
Einfach Sterne finden – leuchtet im Dunkeln

Hahn, H. M.; Weiland G.:
Drehbare Mini-Sternkarte
Die handliche Sternkarte für unterwegs

Hahn, H. M.; Weiland G.:
Drehbare Kosmos-Sternkarte
Der Klassiker für Hobby-Astronomen

Karkoschka, E.:
Drehbare Welt-Sternkarte
Für Urlauber und Globetrotter

Karkoschka, E.:
Atlas für Himmelsbeobachter
250 Himmelsobjekte für Fernglas und Fernrohr

Software

Redshift 7
United Soft Media
Preisgekröntes Planetariums-Programm mit fotorealistischer Darstellung des Sternenhimmels; kostenlose „Launcher-Version" unter www.redshift-live.de

Guide 8.0
astro-shop, Hamburg
Sternkartensoftware für fortgeschrittene Hobby-Astronomen

Kosmos Himmelsjahr
Kosmos-Verlag, Stuttgart
Das beliebte Jahrbuch auf CD-Rom, erscheint jährlich im Herbst

The Sky
Intercon Spacetec, Augsburg
Professionelle Sternkartensoftware

Internetlinks

www.astronomie.de
Die Homepage für Hobby-Astronomen

www.calsky.de
Berechnungen für Himmelsereignisse

www.kosmos-himmelsjahr.de
Die Homepage zum beliebten Jahrbuch mit aktuellen Himmelsereignissen

www.redshift-live.de
Die Astro-Community im Internet

www.spacetelescope.org
Das Hubble-Weltraumteleskop (engl.)

www.vds-astro.de
Homepage der Vereinigung der Sternfreunde mit Nachrichten für Hobby-Astronomen

Teleskope und Zubehör

Astrocom GmbH
Fraunhoferstraße 14, 82152 Martinsried
www.astrocom.de

Astroshop
Otto-Lilienthal-Straße 9, 86899 Landsberg
www.astroshop.de

Baader Planetarium GmbH
Zur Sternwarte, 82291 Mammendorf
www.baader-planetarium.de

Fernrohrland
Max-Planck-Straße 28, 70736 Fellbach
www.fernrohrland.de

Intercon Spacetec
Gablinger Weg 9, 86154 Augsburg
www.intercon-spacetec.de

Meade Instruments Europe GmbH
Gutenbergstraße 2, 46414 Rhede
www.meade.de

Astroreisen

Alpenhof Sattlegger, *Emberger Alm 2, A-9771 Berg/Drautal, www.alpsat.at*

Kiripotib Astrofarm, Namibia
www.astro-namibia.com

Kultur & Reisen, Dr. Eckehard Schmidt
Neuendettelsauerstraße 22, 90449 Nürnberg
www.wissenschafts-reisen.de

Tivoli Astrofarm, Namibia
www.tivoli-astrofarm.de

SaharaSky, Marokko
www.hotel-sahara.com

Register

A
Abendstern 57
Achromat 30
Adler 13
Albireo 60, 64
Aldebaran 15
Alkor 11
Andromeda 14
Antares 71, 72
Apo-Refraktor 30
Arktur 12
Aschgraues Licht 47
Asteroiden 95
Astrofoto 84
Atair 13
Azimut 43
Azimut-Einstellung 37

B
Barlow-Linse 32
Bayer, Johann 93
Bayer-Bezeichnungen 93
Bootes 12

C
Cassegrain-Teleskop 29
Castor 66
Ceres 95
Cheshire-Okular 38

D
Deep Sky 60
Deklination 43
Deneb 13
Dobson 28
Doppelstern 60
Doppelsternhaufen 64
Drehbare Sternkarte 24

Dunkeladaption 45

E
Ekliptik 16
Eulennebel 11

F
Fadenkreuzokular 84
Fangspiegel 38
Farbfilter 58
Fernglas 22, 26
Fernrohr 27
Filter 32
First Light 35
Fokussierung 85
Foto 80
Fotoblitz 81
Fraunhofer-Teleskop 30

G
Galaxie 61, 100
Galaxienhaufen 101
Gamma Andromedae 64
Gamma Leonis 62
Gasnebel 60
Gegengewicht 35
Giotto 89
Goto-System 37
Große Bärin 10
Größenklasse 99
Großer Hund 15
Großer Wagen 9

H
H/chi 64
Hauptreihe 98
Hauptspiegel 38
Helligkeit, der Sterne 99

Hertzsprung-Russel-Diagramm 98
Himmelsäquator 43
Himmelskarte 22
Himmelskoordinaten 43
Hubble, Edwin 101
Hubble-Weltraumteleskop 97, 103
Hyaden 15

I, J
Internet-Forum 21
Jahrbuch 22
Jupiter 17, 58, 95
Justierlaser 38

K
Kabelauslöser 83
Kernfusion 96
Kinder 76
Kleiner Hund 15
Kleiner Wagen 8
Komet 17, 95
Kosmos Himmelsjahr 22
Kreuz des Nordens 13
Krippe 62
Kuiper-Gürtel 95

L
La Silla 102
Libration 50
Lichtjahr 101
Linsenteleskop 28
Löwe 12, 17
Luft, flimmernde 45

M
Magnitude 99

Maksutov-Teleskop 29, 31
Mann im Mond 50
Mare Crisium 48
Mare Humorum 52
Mare Imbrium 52
Mare Nectaris 48
Mare Nubium 52
Mars 17, 58, 95
Merkur 17, 56, 95
Messier 1 97
Messier 3 62
Messier 6 72
Messier 7 72
Messier 8 71, 72
Messier 11 71
Messier 13 64
Messier 17 64, 71, 72
Messier 22 72
Messier 24 72
Messier 31 64
Messier 35 66
Messier 41 66
Messier 42 61, 66
Messier 51 61
Messier 57 64, 71
Messier 65/66 62
Messier 97 11
Messier 108 11
Messier-Liste 61
Milchstraße 6, 70, 74, 100
Mizar 11
Mond 46
Mond, 1. Viertel 48
Mond, 3. Viertel 52
Mond, fotografieren 86
Mond, Krater 47
Mond, Mann im 17
Mond, Mare 47, 50

Mond, Strahlensystem 50
Mond, Finsternis 47
Mondkrater Alphonsus 48
Mondkrater Aristarchus 52
Mondkrater Arzachel 48
Mondkrater Copernicus 50, 52
Mondkrater Jansen 48
Mondkrater Kepler 50
Mondkrater Posidonius 48
Mondkrater Proclus 50
Mondkrater Ptolemaeus 48
Mondkrater Tycho 50, 52
Mondgesicht 17
Montierung 35
Montierung, parallaktische 36
Morgenstern 57

N
Nachführung 84
Neptun 17, 95
Newton-Teleskop 28, 30
Nordrichtung 8

O
Okular 32, 42
Okularadapter 87
Opposition 58
Orion 14
Orionnebel 96

P
Pallas 95
Pegasus 14
Perseus 14
Planet 7
Planet, Fotografie 86
Planetarischer Nebel 11, 97
Planetenvideo 89
Planetenzeiger 26
Plejaden 15, 61, 64
Pluto 17, 95
Pol 7
Polarstern 7, 9, 45, 82
Polhöhen-Einstellung 37
Prokyon 15
Ptolemaeus 93

R
Reducer 32
Refraktor 30
Regulus 12
Reiterlein 10
Rektaszension 43
Roter Riese 97

S
SAO-Katalog 93
Satellit 6
Saturn 17, 58, 95
Scheiner-Methode 37
Schmidt-Cassegrain-Teleskop 31
Schütze 13, 72
Schwarzes Loch 97
Siebengestirn 14
Sirius 15
Skorpion 12, 13
Sommerdreieck 13, 70
Sonne 54
Sonne, Fackelgebiet 55
Sonne, Fleck 55
Sonne, Granulation 55
Sonne, Protuberanz 55
Sonnenfilter 54
Sonnenfolie 54
Sonnensystem 94
Spiegelteleskop 28
Starhopping 43
Startrails 83
Stativ 35
Stern 96
Stern, Helligkeit 10
Sternbilder 26
Sternenhimmel, Frühling 62
Sternenhimmel, Herbst 66
Sternenhimmel, Mittelmeer 72
Sternenhimmel, Sommer 64
Sternenhimmel, Winter 68
Sternhaufen 61
Sternkarte, historische 92
Sternschnuppen 70
Sternwarte 20, 102
Strichspuraufnahme 82
Südhimmel 93
Supernova 97

T
Taschenlampe 22
Teekanne 13, 72
Teleobjektiv 86
Teleskop, Aufbau 34
Teleskop, Justage 38
Teleskop, Öffnung 27
Teleskop, Pflege 38
Teleskop, Tubus 35
Tierkreis 16
Titan 95
Triton 95

U
Ufo 6
Universum 101
Uranus 17, 95

V
Venus 16, 56, 81, 95
Vergrößerung 27, 33, 42, 59
Vollmond 46

W
Wassermann 72
WebCam 88
Wega 13
Wintersechseck 15

Z
Zentaurus 74

KOSMOS.
Sterne finden leicht gemacht.

Das Einsteigerbuch

In einer klaren Nacht funkeln unzählige Sterne am Himmel. Der Große Wagen ist schnell gefunden, aber welche Sterne gehören zum Löwen oder zum Skorpion? Mit diesem Buch werden Sie die 25 schönsten Sternbilder des Himmels schnell finden und immer wieder erkennen. Das gesuchte Sternbild ist in der Karte hervorgehoben und als Maßstab ist die Größe einer ausgestreckten Hand eingezeichnet.

Klaus M. Schittenhelm | **Sterne finden – ganz einfach**
94 Seiten, 76 Abbildungen, 29 Sternkarten, €/D 9,95
ISBN 978-3-440-10220-6

Auf einen Blick

Die Sternkarte zeigt alle wichtigen Sternbilder für erste Himmelsspaziergänge, neue Planetenpositionen bis 2013 und Daten zu kommenden Sonnen- und Mondfinsternissen. Ihre Handhabung ist einfach und macht sie so auch bei Kindern und Jugendlichen beliebt. Der Clou: Die Karte kurz mit einer Taschenlampe bestrahlen, schon leuchtet sie im Dunkeln mehrere Minuten nach.

Hahn/Weiland | **Nachtleuchtende Sternkarte für Einsteiger**
Sternkarte (29,5 x 34 cm), 1 Anleitungsheft (24 S., 15 Abb.), €/D 14,95
ISBN 978-3-440-11288-5

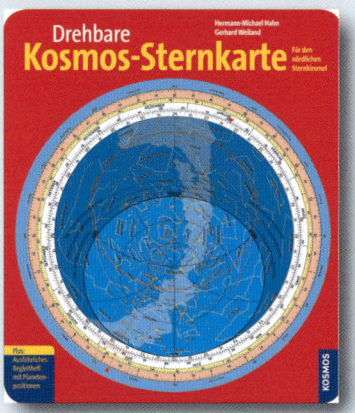

Mit einem Dreh

Die beliebte Sternkarte ist bei einer nächtlichen Himmelsbeobachtung unverzichtbar und gehört in die Ausrüstung jedes Hobby-Astronomen. Sie enthält alle von Mitteleuropa aus sichtbaren Sterne und Sternbilder, außerdem die wichtigsten Objekte für Fernglasbeobachter sowie zahlreiche Doppelsterne und veränderliche Sterne. Wetterresistenter, unverwüstlicher Kunststoff garantiert eine lange Lebensdauer.

Hahn/Weiland | **Drehbare Kosmos-Sternkarte**
Sternkarte (29 x 34 cm), 1 Begleitheft (16 S., 9 Abb.), €/D 14,95
ISBN 978-3-440-11077-5

www.kosmos.de/astronomie

KOSMOS.
Abenteuer Astronomie.

Für wunderschöne Himmelsfotos

Entdecken Sie den Himmel mit Ihrer eigenen Kamera! Ob bizarre Wolkenformationen, Sternbilder, glitzernde Sternhaufen oder Krater auf dem Mond: In diesem Praxisratgeber erfahren Sie, mit welcher Ausrüstung und Aufnahmetechnik Sie „himmlische" Szenerien optimal im Bild festhalten. Ein Technikteil mit zahlreichen Tipps und Tricks für Aufnahmen und Bildbearbeitung runden das Buch ab.

Stefan Seip | **Himmelsfotografie**
144 Seiten, 205 Abbildungen, €/D 14,95
ISBN 978-3-440-11290-8

Das Jahrbuch Nr. 1

Der unverzichtbare Begleiter durch die Welt von Sonne, Mond und Sternen stellt alle wichtigen Himmelsereignisse im Überblick dar. Zum 100-jährigen Jubiläum enthält das Kosmos Himmelsjahr viele Beiträge zur Geschichte des Jahrbuchs und den vielfältigen Entdeckungen der Astronomie in den vergangenen 100 Jahren. Das Kosmos Himmelsjahr erscheint jährlich im September.

Hans-Ulrich Keller | **Kosmos Himmelsjahr 2010**
304 Seiten, ca. 300 Abb., €/D 14,95
ISBN 978-3-440-11532-9

Der Himmelsatlas im handlichen Format

Ob mit bloßem Auge, einem Fernglas oder Teleskop: In diesem Buch werden 250 interessante Deep-Sky-Objekte vorgestellt, die man mit Einsteigergeräten gut sehen kann. Dank seiner gelungenen Kombination von Übersichtssternkarten des gesamten Nachthimmels, vergrößerten Aufsuchkarten sowie Einzelbeschreibungen aller Objekte hat sich „der Karkoschka" eine große Fangemeinde erobert.

Erich Karkoschka | **Atlas für Himmelsbeobachter**
160 Seiten, 252 Abbildungen, 50 Sternkarten, €/D 17,50
ISBN 978-3-440-08826-5

www.kosmos.de/astronomie   **www.kosmos-himmelsjahr.de**

Bildnachweis

Abkürzungen: u = unten, o = oben, li = links, re = rechts, M = Mitte; oli = oben links, ore = oben rechts, uli = unten links, ure = unten rechts, Mli = Mitte links, Mre = Mitte rechts.

Archiv Kosmos Verlag: 92; Bernd Flach-Wilken/Volker Wendel: 11u; HST/NASA/ESA: 3M, 96–97 (alle), 100, 101 o (beide); NASA/ESA: 95 (alle), 103; NOAO: 101u; Klaus M. Schittenhelm: 44; Gunther Schulz: 9re, 10, 11li, 13, 15, 43 (beide), 63, 65, 67, 69, 71, 73, 75, 94, 98li, 99re; Stefan Seip (www.astromeeting.de): 2 (alle), 3li, 3re, 4, 6–7 (alle), 8, 9li, 11ore, 11Mre, 14, 16, 17o, 18, 22–28 (alle), 30–31 (alle), 32o, 33–39 (alle), 40, 42, 45 (beide), 46–47 (alle), 50–51 (alle), 54 (beide), 55 (li, o, Mre), 56, 57 (oli/re, ore, uli), 58–60 (alle), 61 (oli, uli, ure), 70, 78–79 (alle), 90, 98re, 102, 103u, 104, 121 (alle), 125; Gerhard Weiland: 17u, 32u, 57ure, 62 (alle), 64 (alle), 66 (alle), 68 (alle), 93, 99li, 108–119 (alle); Bernd Weisheit: 12, 20, 21, 29, 48–49 (alle), 52–53 (alle), 55Mre, 57 (oli/li), 61 (oM, uM, ore), 76–77 (alle).

Impressum

Umschlaggestaltung von eStudio Calamar unter Verwendung einer Aufnahme der NASA (Titelseite) und einer Aufnahme von Stefan Seip (Rückseite).

Das Foto auf der Titelseite zeigt den Planeten Saturn, das Foto auf der Rückseite den Vollmond.

Mit 166 Farbfotos und 79 Farbzeichnungen.

Unser gesamtes lieferbares Programm und viele weitere Informationen zu unseren Büchern, Spielen, Experimentierkästen, DVDs, Autoren und Aktivitäten finden Sie unter **www.kosmos.de**

Gedruckt auf chlorfrei gebleichtem Papier

© 2009, Franckh-Kosmos Verlags-GmbH & Co. KG, Stuttgart
Alle Rechte vorbehalten
ISBN: 978-3-440-12194-8
Redaktion: Sven Melchert
Produktion: Ralf Paucke
Printed in Italy/Imprimé en Italie